Bosse † / Mecklenbräuker · Grundlagen der Elektrotechnik I

# Grundlagen der Elektrotechnik I

## Das elektrostatische Feld und der Gleichstrom

Prof. Dr.-Ing. Georg Bosse †
Prof. Dr.-Ing. Wolfgang Mecklenbräuker

3. Auflage

Die Deutsche Bibliothek - CIP-Einheitsaufnahme

**Grundlagen der Elektrotechnik** / Georg Bosse ... - Düsseldorf :
VDI-Verl.
(VDI-Hochschultaschenbuch)
Teilw. im BI-Wiss.-Verl., Mannheim, Leipzig, Wien, Zurich
NE: Bosse, Georg
1. Das elektrostatische Feld und der Gleichstrom. - 3. Aufl. -
1996
Früher als BI-Hochschultaschenbuch ; Bd. 182
ISBN 978-3-540-62144-7 ISBN 978-3-662-00854-6 (eBook)
DOI 10.1007/978-3-662-00854-6



ISBN 978-3-540-62144-7

## VORWORT ZUR 3. AUFLAGE

Wegen der anhaltenden Nachfrage nach diesem Buch wurde eine Neuauflage fällig. Inhaltlich gab es nichts zu verändern, so daß die Vorauflage, abgesehen vom Buchformat, unverändert nachgedruckt werden konnte.

Wien, im März 1996 *Wolfgang Mecklenbräuker*

## VORWORT ZUR 2. AUFLAGE

Seit dem Erscheinen von „Grundlagen der Elektrotechnik I" hat sich dieses Hochschultaschenbuch sowohl für den Gebrauch neben einführenden Vorlesungen als auch für das Selbststudium in das reichhaltige Lehrbuchangebot eingeführt.

Die Korrekturen für die Neuauflage hat Herr Professor Bosse nicht mehr selber vornehmen können. An mehreren Stellen wurde der Text verbessert und Druckfehler wurden berichtigt.

Wien, im Januar 1991 *Wolfgang Mecklenbräuker*

## VORWORT ZUR 1. AUFLAGE

An der Technischen Hochschule Darmstadt werden die Studenten der Elektrotechnik in den ersten vier Semestern in zusammenhängenden Vorlesungen eingeführt in die Grundlagen der Elektrotechnik. Hierunter werden die theoretischen Grundlagen der elektromagnetischen Felder und der elektrischen Netze verstanden.

Das hier vorgelegte erste Bändchen behandelt die elektrostatischen Felder und die Gleichstromnetze.

Entsprechend der Zielsetzung der ihm zugrunde liegenden Vorlesung, wendet es sich an Leser, die noch nicht mit den anspruchvolleren mathematischen Hilfsmitteln der Feldtheorie und der linearen Algebra, sondern nur mit den Begriffen der Differential- und Integralrechnung vertraut sind. Dennoch wurde versucht, die dieser Theorie zugrunde liegenden Gedanken ausführlich darzustellen, und dabei auch der Frage der physikalischen Bedeutung und der Dimension der elektrischen Größen genügend Raum gegeben. Auch bei den elektrischen Netzen wurde eine zwar elementare, aber doch einigermaßen umfassende Behandlung angestrebt.

Die Ausarbeitung des Vorlesungsmanuskriptes zu der hier vorliegenden Form hat mein Assistent, Herr Dipl.-Ing. Mecklenbräuker, übernommen. Er hat auch die Abbildungen entworfen und wesentlich zur endgültigen Gestaltung des Bändchens beigetragen. Ihm gilt mein besonderer Dank. Ebenso danke ich Frl. A. Schmid für die Reinschrift des Manuskriptes.

Schließlich danke ich dem Verlag Bibliographisches Institut, daß er die „Grundlagen der Elektrotechnik" in seine Taschenbuchreihe aufgenommen hat.

Darmstadt, im Juli 1966 *Georg Bosse*

# INHALTSVERZEICHNIS


*0. Allgemeine Vorbemerkungen* 9

0.1 Physikalische Größen . . . . . . . . . . . . . . . . 9
0.2 Einheiten . . . . . . . . . . . . . . . . . . . . 10
0.3 Gleichungen . . . . . . . . . . . . . . . . . . . 11

*1. Das statische elektrische Feld* 14

1.1 Definition des elektrischen Feldes . . . . . . . . . . . 14
1.2 Die bewegliche Ladung im elektrischen Feld, das Potential, die Spannung . . . . . . . . . . . . . . . . . . . 16
1.3 Systeme der vier Grundgrößen . . . . . . . . . . . . 22
1.4 Die Erregung des elektrischen Feldes . . . . . . . . . 23
1.5 Der elektrische Dipol . . . . . . . . . . . . . . . 30
1.6 Die Kapazität . . . . . . . . . . . . . . . . . . 34
1.7 Kräfte und Energie im elektrischen Feld . . . . . . . . 51
1.8 Das elektrostatische Feld in materiellen Körpern . . . . . 60
1.9 Elektrische Feldstärke und Flußdichte an Grenzflächen . . 64
1.10 Kräfte an Grenzflächen . . . . . . . . . . . . . . 67
1.11 Influenz . . . . . . . . . . . . . . . . . . . . 75

*2. Bewegliche Ladungen im elektrischen Feld* 77

2.1 Die Bewegung einer Einzelladung im elektrischen Feld . . . 77
2.2 Bewegung verteilter Ladungen, Strom und Stromdichte . . 78
2.3 Das Raumladungsgesetz . . . . . . . . . . . . . . 82
2.4 Das Ohmsche Gesetz . . . . . . . . . . . . . . . 84
2.5 Die Leistung . . . . . . . . . . . . . . . . . . 88
2.6 Strömungsfelder . . . . . . . . . . . . . . . . . 90
2.7 Die Ionenleitung . . . . . . . . . . . . . . . . . 93
2.8 Die Diode . . . . . . . . . . . . . . . . . . . 96

*3. Zweipole* 100

3.1 Zählpfeile für Spannung und Strom . . . . . . . . . . 102
3.2 Zweipol als Schaltelement . . . . . . . . . . . . . 103
3.3 Zweipolnetze und die Kirchhoffschen Gleichungen . . . . 104

*4. Analyse linearer Netze* 109
4.1 Vorbemerkung . . . . . . . . . . . . . . . . . . . . . . 109
4.2 Der allgemeine lineare Zweipol . . . . . . . . . . . . . 110
4.3 Der vollständige Baum . . . . . . . . . . . . . . . . . 113
4.4 Die Berechnung der unabhängigen Ströme aus den Maschengleichungen (Maschenanalyse) . . . . . . . . . . . 122
4.5 Berechnung eines Beispiels . . . . . . . . . . . . . . . 126
4.6 Die Berechnung der unabhängigen Spannungen aus den Knotengleichungen (Knotenanalyse) . . . . . . . . . . . 129
4.7 Berechnung eines Beispiels . . . . . . . . . . . . . . . 133
4.8 Das Superpositionsprinzip . . . . . . . . . . . . . . . 135

*Sach- und Namenverzeichnis* 139

# 0. ALLGEMEINE VORBEMERKUNGEN

## *0.1 Physikalische Größen*

Die Technik macht sich die von der Physik gefundenen Naturgesetze zunutze und wendet sie zielbewußt an. Diese Gesetze können in der Form mathematischer Gleichungen geschrieben werden, in denen physikalische Größen miteinander verknüpft sind. So werden z.B. im Newtonschen Kraftgesetz,

Kraft = Masse × Beschleunigung,

drei physikalische Größen zueinander in Beziehung gesetzt. Um Naturvorgänge allgemeingültig und genau beschreiben zu können, sind zahlreiche physikalische Größen definiert worden. Zum Beispiel mechanische wie Zeit, Geschwindigkeit, Gewicht, Dichte, Energie und Volumen oder elektrische wie Spannung, Strom, Widerstand und Feldstärke oder solche aus anderen Bereichen der Physik wie Wärme und Lichtstärke.

Die physikalischen Größen werden mit Formelzeichen bezeichnet (schräg geschriebene Buchstaben); dabei werden für bestimmte Größen bestimmte Buchstaben verwendet, z. B. $m$ für Masse, $F$ für Kraft, $t$ für Zeit usw.

Manche Größen werden durch ihre Definitionen auf andere zurückgeführt, z. B. ist die Geschwindigkeit eines bewegten Körpers durch das Verhältnis

zurückgelegter Weg/benötigte Zeit

definiert. Damit ist die Geschwindigkeit auf zwei Größen zurückgeführt, nämlich Länge und Zeit. Entsprechend wird mit anderen physikalischen Größen verfahren.

So gelangt man schließlich zu einer Anzahl von physikalischen Größen, die auf keine anderen zurückgeführt werden können. Solche Größen nennt man Grundgrößen. Es hängt natürlich von der Kenntnis der Naturvorgänge ab, welche Größen als Grundgrößen angesehen werden. Die übrigen sind dann abgeleitete Größen.

Zur Beschreibung mechanischer Vorgänge verwendet man heute drei Grundgrößen:

die Masse, die Länge und die Zeit.

## *0.2 Einheiten*

Will man eine physikalische Größe messen, so braucht man für sie eine Einheit, auf die sie bezogen wird. Insbesondere braucht man Einheiten für die Grundgrößen; diese müssen vereinbart werden. Zur Unterscheidung von den Formelzeichen für physikalische Größen werden Einheiten mit steil geschriebenen Buchstaben bezeichnet.

Man hat für die drei Grundgrößen der Mechanik folgende Einheiten festgelegt:

das Meter (m) für die Länge als Abstand zweier Marken auf einem Normalmeter (in Sèvres);

die Sekunde (s) für die Zeit als den 86400sten Teil eines mittleren Sonnentages;

das Kilogramm (kg) für die Masse durch ein in Sèvres aufbewahrtes Ur-Kilogramm, das ungefähr gleich der Masse von 1 l Wasser bei +4 °C ist.

Hierbei handelt es sich um solche Einheiten, die der Vorstellungswelt des Menschen entsprechen. Sind die Einheiten für einen bestimmten Zweck zu groß oder zu klein, so können durch Zusätze zur Bezeichnung größere oder kleinere Einheiten gebildet werden. Es ist üblich, jeweils 3, 6, 9 ... Zehnerpotenzen mit Zusätzen anzugeben:

| z. B. | | |
|---|---|---|
| | Kilo (K) : $10^3$ | milli (m) : $10^{-3}$ |
| | Mega (M) : $10^6$ | mikro (μ) : $10^{-6}$ |
| | Giga (G) : $10^9$ | nano (n) : $10^{-9}$ |
| | Tera (T) : $10^{12}$ | piko (p) : $10^{-12}$ |
| | | femto (f) : $10^{-15}$ |
| | | atto (a) : $10^{-18}$. |

Die Zusätze zur Kennzeichnung der positiven Zehnerpotenzen werden mit großen Buchstaben, die Zusätze für die negativen Zehnerpotenzen mit kleinen Buchstaben geschrieben. Nur bei Kilo macht man oft eine Ausnahme und schreibt beispielsweise kg (Kilogramm), km (Kilometer).

Die Einheit der Masse ist danach eigentlich 1 g, nur hat man das Normal in der handlichen Größe 1 kg ausgeführt.

Für sehr große oder sehr kleine Größen verwendet man also Einheiten mit Zusätzen:

z. B. Milligramm: 1 mg $= 10^{-3}$ g $= 10^{-6}$ kg;
Mikrosekunde: 1 μs $= 10^{-6}$ s;
Megagramm: 1 Mg $= 10^6$ g $= 10^3$ kg,

auch als Tonne bezeichnet.

Sind die Einheiten für die Grundgrößen festgelegt, so kann jede physikalische Größe als Produkt eines Zahlenwertes und einer oder mehrerer Grundeinheiten dargestellt werden:

$$\text{Physikalische Größe} = \text{Zahlenwert} \times \text{Einheit}.$$

Die Einheit wird durch eckige Klammern,

$$[\text{physikalische Größe}],$$

angegeben.

*Beispiele:*

eine Zeit: $t = 5\,\text{s}, \quad [t] = 1\,\text{s};$

eine Länge: $l = 20\,\text{mm}, \quad [l] = 1\,\text{mm};$

eine Geschwindigkeit: $v = 10\,\dfrac{\text{m}}{\text{s}}, \quad [v] = 1\,\dfrac{\text{m}}{\text{s}}.$

Drückt man eine physikalische Größe durch die in ihr enthaltenen Grundgrößen aus und läßt den Zahlenwert unberücksichtigt, so erhält man ihre Dimension. Die Dimension einer Grundgröße ist aber keinesfalls mit einer ihrer Einheiten gleichzusetzen.

Gilt $l_1 = 1\,\text{m}$ und $l_2 = 14\,\text{mm}$, dann haben beide Größen zwar verschiedene Zahlenwerte und Einheiten, aber gleiche Dimension.

Die Dimension wird durch

$$\dim(\text{physikalische Größe})$$

angegeben, also z.B.

$$\dim(\text{Geschwindigkeit}) = \frac{\dim(\text{Länge})}{\dim(\text{Zeit})}.$$

## 0.3 Gleichungen

Die Zusammenhänge zwischen den einzelnen physikalischen Größen werden durch Gleichungen beschrieben.

Diese können entweder willkürlich festgelegte Definitionen, z.B.

$$v = \frac{\mathrm{d}s}{\mathrm{d}t},$$

oder Naturgesetze angeben.

Das Gleichheitszeichen bedeutet dabei, daß auf beiden Seiten der Gleichung gleiche physikalische Größen stehen, die in Zahlenwert und Einheit übereinstimmen.

*Beispiel:* Setzen wir in dem Kraftgesetz

$$m = 3\,\mathrm{kg} \quad \text{und} \quad b = 5\,\frac{\mathrm{m}}{\mathrm{s}^2}$$

ein (die Beschleunigung ist durch

$$b = \frac{\mathrm{d}v}{\mathrm{d}t}$$

definiert; sie hat daher die Dimension Länge/Zeit²), so erhalten wir

$$F = 15\,\mathrm{m} \cdot \mathrm{kg/s}^2.$$

Hätten wir statt $m = 3\,\mathrm{kg}$ nur $m = 3\,\mathrm{g}$ eingesetzt, so ergäbe sich

$$F = 15\,\mathrm{m} \cdot \mathrm{g/s}^2 = 15 \cdot 10^{-3}\,\mathrm{m} \cdot \mathrm{kg/s}^2.$$

In Größengleichungen können also beliebige Einheiten eingesetzt und bei Bedarf Einheiten in andere umgerechnet werden. Das Ergebnis wird davon nicht beeinflußt.

Es wäre überflüssig, diese Selbstverständlichkeiten zu erwähnen, wenn nicht in älteren Lehrbüchern gelegentlich noch Gleichungen auftauchten, die nicht in dieser allein richtigen Form geschrieben sind. Dabei handelt es sich um die sogenannten Zahlenwertgleichungen, die entstehen, wenn in physikalischen Gleichungen Einheiten weggelassen werden. Es ist z.B. allgemein üblich zu sagen: „Ein Auto fährt mit 100" oder „Es hat eine Geschwindigkeit von 100". Würde diese unkorrekte Aussage als Formel dargestellt, so ergäbe sich $v = 100$, statt der richtigen Angabe

$$v = 100\,\frac{\mathrm{km}}{\mathrm{h}}.$$

Ein ähnliches Beispiel ist die allen Kraftfahrern bekannte Formel über den normalen Bremsweg eines Autos, die meistens unkorrekt folgendermaßen formuliert wird:

> „Der Bremsweg ist gleich dem Quadrat des zehnten Teiles der Geschwindigkeit",

als Formel geschrieben: $x = (v/10)^2$.
Zum richtigen Gebrauch einer solchen Zahlenwertgleichung benötigt man eine Anleitung. In ihr müßte stehen: Man erhält den Weg $x$ in Metern, wenn die Geschwindigkeit $v$ in $\frac{\mathrm{km}}{\mathrm{h}}$ eingesetzt wird.

Man kann die unkorrekten Zahlenwertgleichungen vermeiden und doch bei diesem und ähnlich gegebenen Beispielen den Vorteil einer leicht auswertbaren Formel erhalten, indem man zu einer zugeschnittenen Größengleichung übergeht. Dabei werden beide Seiten der Größengleichung durch die Einheit der hier stehenden physikalischen Größe dividiert.

In unserem Beispiel ergibt das

$$\frac{x}{\mathrm{m}} = \left(\frac{v/10}{\mathrm{km/h}}\right)^2.$$

An diesen zugeschnittenen Größengleichungen erkennt man, wie wichtig es ist, Formelzeichen und Einheiten durch schräge und steile Schreibweise voneinander zu unterscheiden.

# 1. DAS STATISCHE ELEKTRISCHE FELD

## 1.1 *Definition des elektrischen Feldes*

Die Kenntnis elektrischer Erscheinungen ist schon sehr alt. Die Elektrizität verdankt ihren Namen dem Bernstein, im Griechischen *ἤλεκτρον* genannt, an dem elektrische Erscheinungen frühzeitig beobachtet wurden. In ihrer einfachsten Form zeigen sich die elektrischen Erscheinungen als anziehende oder abstoßende Kräfte zwischen Körpern, die man – z. B. durch Reiben – in einen besonderen Zustand versetzt hat, den man als elektrisch bezeichnet. So stößt ein mit Leder geriebener Hartgummistab kleine Holundermarkkügelchen ab, die vorher mit dem geriebenen Stab in Berührung gebracht worden sind. Zwischen Stab und Kügelchen wirken also Kräfte, ohne daß ein sichtbarer Kontakt zwischen ihnen besteht.

Das erklärt man folgendermaßen: Nach der Berührung mit dem geriebenen Hartgummistab reagieren die Holundermarkkügelchen auf elektrische Erscheinungen, weil sie nun eine elektrische Ladung tragen. Die Kräfte auf die geladenen Kügelchen müssen durch irgendeinen elektrischen Zustand des Raumes an der Stelle der Kügelchen erklärt werden. Einen solchen Zustand nennt man ein elektrisches Feld. Dieses elektrische Feld ist offensichtlich nicht an das Vorhandensein materieller Körper gebunden; man beobachtet die Kraftwirkung des Feldes auch im Vakuum. Das Feld aber kann nur durch seine Kraftwirkung auf geladene materielle Körper festgestellt werden.

Wir müssen nun versuchen, den beschriebenen Sachverhalt mathematisch zu formulieren. Dem elektrischen Feld ordnen wir die gleiche Richtung zu wie der von ihm hervorgerufenen Kraft $\boldsymbol{F}$ (force) auf einen geladenen Körper. Die elektrische Feldstärke ist dann wie die Kraft $\boldsymbol{F}$ eine gerichtete Größe, ein Vektor, den wir mit $\boldsymbol{E}$ bezeichnen. (Wir werden im folgenden Vektoren stets durch Fettdruck kennzeichnen.) So ergibt sich die Vektorgleichung

$$\boldsymbol{F} = Q\boldsymbol{E}. \tag{1.1}$$

Der Proportionalitätsfaktor $Q$ bezeichnet die elektrische Eigenschaft des geladenen Körpers, seine Ladung. Es wird hierbei vorausgesetzt, daß $Q$

die Feldstärke $\boldsymbol{E}$ nicht verändert. Bringt man nacheinander verschiedene geladene Körper an denselben Punkt des Feldes, so beobachtet man, daß die auftretende Kraft immer die gleiche oder entgegengesetzt gleiche Richtung hat. Es kommen also in der Natur Ladungen beiderlei Vorzeichens, positive und negative, vor. Die Ladung ist im Gegensatz zur elektrischen Feldstärke $\boldsymbol{E}$ eine physikalische Größe, die keine Richtung hat. Solche Größen werden Skalare genannt.

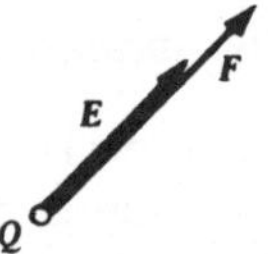


Abb. 1.1 Zur Definition der elektrischen Feldstärke

In der Gleichung (1.1) steht links eine Kraft, sie läßt sich durch die drei Grundgrößen der Mechanik ausdrücken. Rechts steht das Produkt zweier elektrischer Größen. Die Gleichung gibt also keine eindeutige Vorschrift, wie man diese Größen mit den mechanischen in Verbindung bringen kann. Man hat deswegen die elektrische Ladung $Q$ als zusätzliche vierte Grundgröße gewählt. Zur Beschreibung der Naturvorgänge, einschließlich der elektrischen, wird also ein System von vier Grundgrößen verwendet. Der elektrischen Ladung einen den Grundgrößen der Mechanik gleichwertigen Rang einzuräumen, erscheint heute nicht verwunderlich, da wir ja wissen, daß die Materie aus elektrisch geladenen Elementarteilchen aufgebaut ist.

Wenn wir das Feld durch die Kraftwirkung auf geladene Körper ausmessen wollen, brauchen wir eine Einheit für die Ladung. Nach der heutigen Erkenntnis wäre es das einfachste gewesen, die Ladung eines der Elementarteilchen als Einheit zu wählen, z.B. die Ladung des Elektrons. Alle vorkommenden Ladungen könnten dann nur ganzzahlige Vielfache dieser Elementarladung sein. Die Einheit der Ladung wurde aber schon zu einer Zeit festgelegt, als man vom Atomismus der Elektrizität noch nichts wußte. In Abschnitt 5.42 wird dargestellt werden, wie die Einheit der Ladung, die man Coulomb (Coul) nennt, festgelegt ist. Für die Größe des Betrages der Elementarladung, gemessen in Coulomb, ergibt sich dann

$$e = 1{,}602 \cdot 10^{-19}\,\text{Coul}.$$

Die Ladung des Elektrons ist negativ. Auf ein Elektron wirkt also im elektrischen Feld eine Kraft entgegengesetzt zur Feldrichtung.

Durch die Festlegung der Ladung als selbständige Grundgröße ist auch die Dimension der elektrischen Feldstärke $\boldsymbol{E}$ aus Gleichung (1.1) bestimmbar:

$$\dim(E) = \frac{\dim(F)}{\dim(Q)} = \frac{\dim(\text{Länge}) \cdot \dim(\text{Masse})}{\dim(\text{Ladung}) \cdot \dim(\text{Zeit}^2)}. \tag{1.2}$$

## *1.2 Die bewegliche Ladung im elektrischen Feld, das Potential, die Spannung*

Ist der zur Ausmessung des elektrischen Feldes benutzte Probekörper mit der Ladung $Q$ beweglich, so kann er der auf ihn wirkenden Kraft $\boldsymbol{F}$ folgen. Das Feld führt ihm dann Energie zu; umgekehrt muß Arbeit (Energie) aufgewendet werden, wenn der Körper gegen die Kraftwirkung bewegt werden soll. Wir bezeichnen die Arbeit, eine skalare Größe, mit dem Buchstaben $W$ (work) und wollen sie als positiv ansehen, wenn es sich um die vom Feld aufgebrachte Arbeit handelt, wenn sich der Probekörper also in der Richtung der auf ihn ausgeübten Kraft $\boldsymbol{F}$ bewegt.

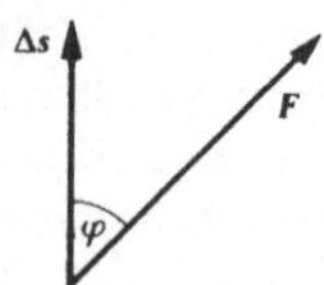


Abb. 1.2 Zur Berechnung des Skalarproduktes

Wir berechnen die bei der Bewegung des Körpers vom Feld aufgewendete Arbeit $W$ als Produkt aus dem zurückgelegten Weg und der in die Bewegungsrichtung weisenden Komponente der Kraft (Abb. 1.2). Der Probekörper bewege sich entlang des kleinen Wegstücks $\Delta\boldsymbol{s}$, das wir als Vektor darstellen, um dadurch anzudeuten, daß sich der Probekörper in einer bestimmten Richtung des Raumes bewegt. Dann ergibt sich für die Arbeit, die bei der Verschiebung um $\Delta\boldsymbol{s}$ geleistet wird:

$$\Delta W = |\Delta\boldsymbol{s}||\boldsymbol{F}|\cos\varphi. \tag{1.3}$$

(Die Beträge von Vektoren werden weiterhin durch Betragsstriche oder auch durch gewöhnlichen Druck anstatt des Fettdrucks gekennzeichnet, z.B.: $|\Delta\boldsymbol{s}| = \Delta s$, $|\boldsymbol{F}| = F$.)

Wie aus der Mechanik bekannt ist, schreibt man für (1.3) einfach

$$\Delta W = \boldsymbol{F} \cdot \Delta\boldsymbol{s} \tag{1.4}$$

und nennt dieses Produkt das Skalarprodukt der beiden Vektoren $\Delta \boldsymbol{s}$ und $\boldsymbol{F}$.

Es ist daher wichtig, in der Schreibweise zwischen gerichteten Größen (Vektoren) und nichtgerichteten Größen (Skalaren) zu unterscheiden.

Sind die beiden Vektoren durch ihre Komponenten in einem rechtwinkligen Koordinatensystem gegeben, z. B. in $x$-, $y$-, $z$-Komponenten, so läßt sich das Skalarprodukt aus Gleichung (1.4) einfach ausrechnen.

Es seien $\Delta x$, $\Delta y$, $\Delta z$ die Komponenten von $\Delta \boldsymbol{s}$ und $F_x$, $F_y$, $F_z$ die Komponenten von $\boldsymbol{F}$, dann brauchen wir beim Skalarprodukt nur jeweils die gleichgerichteten Komponenten miteinander zu multiplizieren. Die gemischten Produkte verschiedenartiger Komponenten geben keinen Beitrag, weil $x$-, $y$- und $z$-Richtung senkrecht zueinander stehen. Das Skalarprodukt

$$\Delta W = \boldsymbol{F} \cdot \Delta \boldsymbol{s}$$

kann also nach der Vorschrift

$$\Delta W = F_x \Delta x + F_y \Delta y + F_z \Delta z \tag{1.5}$$

berechnet werden.

Wir setzen den Ausdruck (1.1) in die Gleichung (1.4) ein und erhalten dadurch

$$\Delta W = Q \boldsymbol{E} \cdot \Delta \boldsymbol{s} \tag{1.6}$$

oder, wenn die Feldstärke $\boldsymbol{E}$ durch ihre Komponenten gegeben ist,

$$\Delta W = Q(E_x \Delta x + E_y \Delta y + E_z \Delta z). \tag{1.7}$$

Wir haben bisher absichtlich nur die Arbeit berechnet, die bei der Verschiebung um ein kleines Wegstück $\Delta \boldsymbol{s}$ an einer Probeladung geleistet wird. Denn im allgemeinen wird es so sein, daß die elektrische Feldstärke $\boldsymbol{E}$ von Ort zu Ort ihren Betrag und ihre Richtung ändert, daß also bei aufeinanderfolgenden Wegstücken $E_x$, $E_y$ und $E_z$ verschieden groß sind. Die Arbeit längs eines größeren Weges können wir dann als Summe der einzelnen Anteile $\Delta W_\nu$ berechnen:

$$W = \sum_{\nu=1}^{N} \Delta W_\nu = Q \sum_{\nu=1}^{N} \boldsymbol{E}_\nu \cdot \Delta \boldsymbol{s}_\nu. \tag{1.8}$$

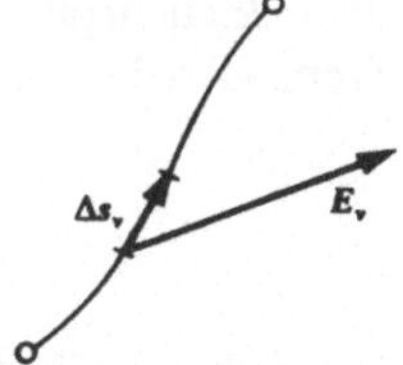


Abb. 1.3 Zur Berechnung eines Linienintegrals

In diese Beziehung können wieder die $x$-, $y$-, $z$-Komponenten der Vektoren $\boldsymbol{E}_\nu$ und $\Delta \boldsymbol{s}_\nu$ eingesetzt werden. Das ergibt

$$W = Q \sum_{\nu=1}^{N} (E_{x\nu} \Delta x_\nu + E_{y\nu} \Delta y_\nu + E_{z\nu} \Delta z_\nu). \tag{1.9}$$

Die Formel (1.8) setzt voraus, daß $\boldsymbol{E}_\nu$ entlang eines Wegstückes $\Delta \boldsymbol{s}_\nu$ konstant ist. Wie fein man die Unterteilung machen muß, hängt davon ab, wie stark sich die elektrische Feldstärke entlang des Weges $s$ ändert. Beliebige Änderungen lassen sich dadurch exakt erfassen, daß man die Länge der einzelnen Wegelemente beliebig klein und ihre Anzahl zugleich beliebig groß werden läßt. Die Summe geht dann in das Integral

$$W = Q \int_a^b \boldsymbol{E} \cdot \mathrm{d}\boldsymbol{s} \tag{1.10}$$

über.

Ein solches Integral wird Linienintegral genannt, wobei die Integration über einen vorher festgelegten Weg vom Anfangspunkt $a$ zum Endpunkt $b$ zu erstrecken ist. Die abgekürzte Schreibweise (1.10) darf uns nicht darüber hinwegtäuschen, daß man zur praktischen Ausführung der Integration im allgemeinen die Komponenten $E_x$, $E_y$, $E_z$ bestimmen muß, die entlang des Weges von den Koordinaten $x$, $y$, $z$ abhängig sein können. Dann muß das Linienintegral in die drei einfachen Integrale

$$W = Q \left[ \int_{x_a}^{x_b} E_x(x,y,z)\,\mathrm{d}x + \int_{y_a}^{y_b} E_y(x,y,z)\,\mathrm{d}y + \int_{z_a}^{z_b} E_z(x,y,z)\,\mathrm{d}z \right] \tag{1.11}$$

zerlegt werden. Dabei sind die Integrationen über den vorgeschriebenen Weg auszuführen, dessen Anfangspunkt die Koordinaten $x_a$, $y_a$, $z_a$ und dessen Endpunkt die Koordinaten $x_b$, $y_b$, $z_b$ hat.

Eine solche Integration ist natürlich nur in speziellen Fällen leicht ausführbar. An dieser Stelle wollen wir uns mit den gegebenenfalls auftretenden Schwierigkeiten nicht befassen.

Das Integral in Gleichung (1.10) ist über einen festgelegten Weg zwischen Anfangs- und Endpunkt zu berechnen, es gibt aber zwischen Anfangs- und Endpunkt beliebig viele verschiedene Wege; Abb. 1.4 zeigt zwei mögliche Wege, die beide in einer Ebene liegen. Wir könnten also erwarten, daß der Wert der vom Feld aufgebrachten Energie auf den verschiedenen Wegen unterschiedlich groß ist. Daß das aber nicht so sein kann, zeigt uns eine einfache Überlegung.

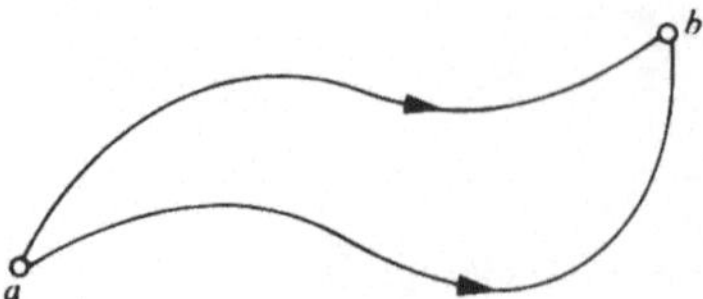


Abb. 1.4 Zwei mögliche Integrationswege in einem elektrostatischen Feld

Wir wollen annehmen, daß zum Beispiel auf einem Weg 1 von $a$ nach $b$ die Arbeit $W_1$, auf einem Weg 2 dagegen die Arbeit $W_2$ geleistet würde. Hierbei sei $W_1 > W_2$. Dann kann aber mit einem geladenen Probekörper, der auf dem Weg 1 von $a$ nach $b$ und auf dem Weg 2 wieder nach $a$ zurückgebracht wird, die Energie $W_1 - W_2$ gewonnen werden, und zwar beliebig oft, weil der Probekörper dabei immer wieder am Anfangspunkt ankommt. Das ist in einem Feld, das sich in einem Gleichgewichtszustand befindet, der ohne jede Energiezufuhr aufrechterhalten wird, nicht möglich. In einem solchen Feld, das man als statisches Feld bezeichnet, muß das Linienintegral entlang eines beliebigen in sich geschlossenen Weges, das man kurz durch das Zeichen $\oint$ andeutet, den Wert Null haben:

$$\oint \boldsymbol{E} \cdot \mathrm{d}\boldsymbol{s} = 0. \tag{1.12}$$

Ein Feld mit dieser Eigenschaft nennt man wirbelfrei.

In einem elektrostatischen Feld hängt demnach das Linienintegral zwischen zwei Punkten $a$ und $b$ nicht vom Weg zwischen den Punkten ab, sondern es wird durch die Koordinaten des Anfangs- und Endpunktes eindeutig bestimmt.

Deswegen ist in einem statischen Feld auch die bei der Verschiebung einer Ladung aufgewandte Arbeit $W$ allein eine Funktion der beiden Endpunkte $a$ und $b$:

$$W_{ab} = Q \int_a^b \boldsymbol{E} \cdot \mathrm{d}\boldsymbol{s} = Q[f(b) - f(a)]. \tag{1.13}$$

Es gibt also eine Funktion $f(x, y, z)$, die es gestattet, die Arbeit $W_{ab}$ bei der Verschiebung einer Ladung $Q$ von $a$ nach $b$ für beliebige Punktepaare $a$, $b$ anzugeben, ohne erst ein Integral ausrechnen zu müssen. Es hat sich eingebürgert, den negativen Wert der ortsabhängigen Funktion $f(x, y, z)$ mit dem Buchstaben

$$\varphi(x, y, z)$$

zu bezeichnen und $\varphi$ das Potential des elektrostatischen Feldes zu nennen:

$$\int_a^b \boldsymbol{E} \cdot \mathrm{d}\boldsymbol{s} = \varphi(a) - \varphi(b). \tag{1.14}$$

Die Funktion $\varphi$ beschreibt ebenso wie die elektrische Feldstärke $\boldsymbol{E}$ die Eigenschaften des elektrostatischen Feldes, jedoch wird hier jedem Raumpunkt nicht ein Vektor, sondern eine skalare Größe zugeordnet. Das ist natürlich eine wesentliche Vereinfachung. Durch das Linienintegral über die elektrische Feldstärke wird das Potential $\varphi$ nur bis auf eine beliebige Konstante festgelegt, die aber die Auswertung von Gleichung (1.14) nicht beeinflußt.

Die Wirbelfreiheit des elektrostatischen Feldes hat die angenehme Folge, daß wir bei der praktischen Ausführung des Linienintegrales den einfachsten Weg vom Punkt $a$ zum Punkt $b$ auswählen dürfen. Wir können zum Beispiel vom Ausgangspunkt $x_a$, $y_a$, $z_a$ (Abb. 1.5) zuerst nur in $x$-Richtung bis zum Punkt $x_b$, $y_a$, $z_a$ gehen, von da in $y$-Richtung bis $x_b$, $y_b$, $z_a$ und schließlich in $z$-Richtung zum Endpunkt $x_b$, $y_b$, $z_b$. Aber auch jeder andere Weg ist zugelassen, z.B. zuerst in Richtung der elektrischen Feldstärke und dann senkrecht zur Feldstärke, wobei dann wegen $W = Q \cdot \boldsymbol{E} \cdot \Delta \boldsymbol{s} = 0$ ($\boldsymbol{E}$ senkrecht auf $\Delta \boldsymbol{s}$) kein Beitrag entsteht.

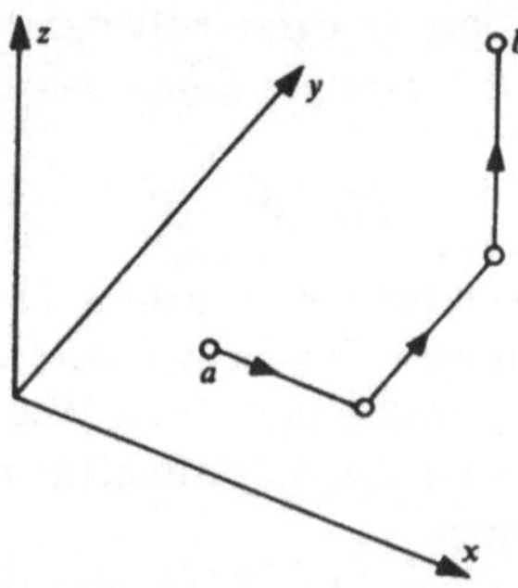


Abb. 1.5 Integrationswege parallel zu den Koordinatenachsen

Für ein einfaches Beispiel eines in einer Ebene liegenden Integrationsweges wollen wir nun die Arbeit bei der Verschiebung einer Ladung ausrechnen. Wir nehmen eine elektrische Feldstärke an, die nur eine Komponente in $x$-Richtung hat, setzen also $E_y = E_z = 0$; außerdem soll $E_x$ nur von $x$ und $y$ abhängen. Von den vielen möglichen Integrationswegen nehmen wir für die Rechnung zwei, auf denen die Integration besonders einfach auszuführen ist (Abb. 1.6).

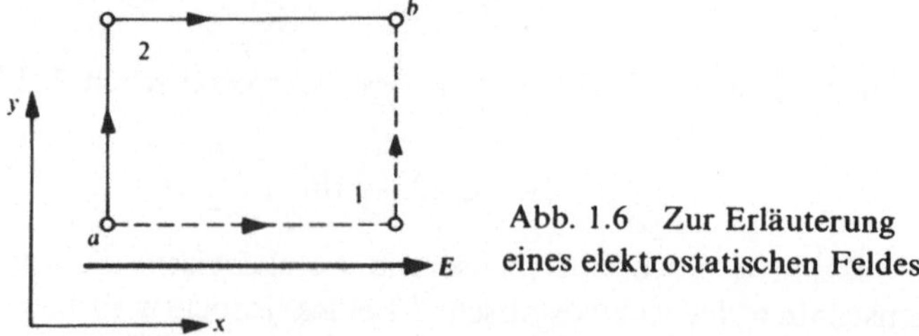


Abb. 1.6 Zur Erläuterung eines elektrostatischen Feldes

Weg 1: Wir gehen zuerst in $x$-Richtung, d.h. in Richtung der elektrischen Feldstärke, und erhalten dabei den Beitrag

$$\int_{x_a}^{x_b} E_x(x, y_a)\,\mathrm{d}x\,. \tag{1.15}$$

Danach gehen wir senkrecht zur Feldrichtung, also in $y$-Richtung; dies trägt nichts zum Integral bei, weil $E_y = 0$ ist.

Weg 2: Zuerst gehen wir in $y$-Richtung, wobei sich kein Beitrag ergibt, und danach in $x$-Richtung mit

$$\int_{x_a}^{x_b} E_x(x, y_b)\,\mathrm{d}x. \tag{1.16}$$

Wir wissen aber, daß die beiden Ausdrücke (1.15) und (1.16) gleich groß sein müssen. Das ist aber nur dann der Fall, wenn sich $E_x$ quer zur Feldrichtung in seiner Stärke nicht ändert, also entgegen unserer obigen Voraussetzung von $y$ nicht abhängt. Damit haben wir einen ersten Hinweis auf die Struktur eines elektrostatischen Feldes. Später werden wir sehen, daß solche Feldverteilungen tatsächlich auch existieren.

Wir kehren nun zu der Aufgabe zurück, die Arbeit bei einer Verschiebung der Ladung $Q$ im elektrostatischen Feld zu berechnen:

$$W_{ab} = Q \int_a^b \boldsymbol{E} \cdot \mathrm{d}\boldsymbol{s} = Q(\varphi(a) - \varphi(b)).$$

Die Arbeit ist gleich dem Produkt aus transportierter Ladung $Q$ und der Potentialdifferenz $\varphi(a) - \varphi(b)$. Diese Potentialdifferenz bezeichnet man als elektrische Spannung zwischen den Punkten $a$ und $b$ und gibt ihr das Formelzeichen $u_{ab}$:

$$u_{ab} = \varphi_a - \varphi_b. \tag{1.17}$$

Mit der Gleichung (1.17) ist die vom Feld aufgebrachte Arbeit

$$W_{ab} = Q\,u_{ab}, \tag{1.18}$$

sie ist also gleich dem Produkt aus der Ladung und der zwischen den beiden Punkten liegenden Spannung.

Die Spannung erweist sich demnach als ein grundlegender Begriff des elektrostatischen Feldes: sie ist ein direktes Maß für die Arbeit, die dem Feld zwischen vorgegebenen Punkten entnommen werden kann. Man gibt der Spannung aus diesem Grunde eine eigene Einheit und mißt sie in Volt (V). Aus der Gleichung (1.18) ergibt sich die Dimension der Spannung in dem von uns benutzten Vierersystem mit den Grundgrößen Länge, Masse, Zeit und Ladung. Für die Dimension der Arbeit, ausgedrückt durch die Grundgrößen der Mechanik, erhält man bekanntlich

$$\dim(\text{Arbeit}) = \dim(\text{Masse}) \cdot \frac{\dim(\text{Länge})}{\dim(\text{Zeit}^2)} \cdot \dim(\text{Länge})$$

und demnach

$$\dim(\text{Spannung}) = \frac{\dim(\text{Masse}) \cdot \dim(\text{Länge}^2)}{\dim(\text{Ladung}) \cdot \dim(\text{Zeit}^2)}. \qquad (1.19)$$

Als Einheit der Spannung hat man festgelegt:

$$1\,\text{V} = \frac{1\,\text{kg} \cdot 1\,\text{m}^2}{1\,\text{Coul} \cdot 1\,\text{s}^2} = 1\,\frac{\text{m}^2 \cdot \text{kg}}{\text{Coul} \cdot \text{s}^2}. \qquad (1.20)$$

Diese Einheit ist also keine zusätzliche Grundeinheit, sondern sie ist aus den vier Grundeinheiten abgeleitet. In der Gleichung (1.20) wird die Spannungseinheit auf die einfachste Weise definiert, nämlich ohne einen anderen Zahlenfaktor als 1. Eine solche kohärente abgeleitete Einheit wird auch beispielsweise für die Kraft in der Mechanik verwendet; man bezeichnet die Einheit der Kraft mit Newton (N) und hat festgelegt:

$$1\,\text{N} = 1\,\frac{\text{m} \cdot \text{kg}}{\text{s}^2}. \qquad (1.21)$$

## *1.3 Systeme der vier Grundgrößen*

Zur Beschreibung der elektrischen Erscheinungen haben wir vorerst neben den Grundgrößen der Mechanik die elektrische Ladung benutzt. Wir werden später sehen, daß sich für die praktische Anwendung der mit der Ladung eng verknüpfte elektrische Strom besser als Grundgröße eignet. Der elektrische Strom stellt einen Ladungstransport pro Zeit dar und wird in Ampere (A) gemessen. Es gilt

$$1\,\text{Coul} = 1\,\text{A} \cdot 1\,\text{s}. \qquad (1.22)$$

Die Elektrotechniker haben mit den elektrischen Größen (Spannung, Strom, Ladung u. dgl.) viel häufiger zu tun als mit den Größen der Mechanik (Masse, Kraft u. dgl.). Sie bevorzugen deshalb vor dem Vierersystem mit drei mechanischen und einer elektrischen Grundgröße, nämlich

| Länge | Masse |
|---|---|
| Zeit | Ladung (oder Strom), |

ein System mit zwei elektrischen und zwei mechanischen Grundgrößen. Sie ersetzen die Masse durch die elektrische Spannung, benutzen also die vier Grundgrößen

| Länge | Spannung |
|---|---|
| Zeit | Strom (oder Ladung) |

mit den Grundeinheiten 1 m, 1 s, 1 V, 1 A.

Das System wird deshalb kurz als msVA-System bezeichnet. In ihm ist die Masse eine abgeleitete Größe und ihre Einheit, das kg, eine abgeleitete Einheit. Mit den Gleichungen (1.20) und (1.22) wird

$$1\,\mathrm{kg} = 1\,\frac{\mathrm{VAs}^3}{\mathrm{m}^2}. \tag{1.23}$$

In diesem System hat die Arbeit die leicht einprägbare Dimension

$$\dim(\text{Arbeit}) = \dim(\text{Spannung}) \cdot \dim(\text{Strom}) \cdot \dim(\text{Zeit}) \tag{1.24}$$

und der wichtige Begriff der Leistung als Quotient aus Arbeit und Zeit die einfache Dimension

$$\dim(\text{Leistung}) = \dim(\text{Spannung}) \cdot \dim(\text{Strom}). \tag{1.25}$$

Für die Einheit der Leistung wird oft eine besondere Abkürzung, die abgeleitete Einheit Watt (W), verwendet:

$$1\,\mathrm{W} = 1\,\mathrm{V} \cdot 1\,\mathrm{A}. \tag{1.26}$$

Aus den Gleichungen (1.21) und (1.23) ergibt sich für die Einheit der Arbeit

$$1\,\mathrm{Ws} = 1\,\mathrm{Nm}. \tag{1.27}$$

Da wir die Masse nur selten benötigen, werden wir fast nur das System mit den vier Einheiten m, s, V, A benutzen.

In diesem System hat die elektrische Feldstärke die Dimension

$$\dim(E) = \frac{\dim(\text{Spannung})}{\dim(\text{Länge})}. \tag{1.28}$$

Diese Beziehung folgt aus den Gleichungen (1.14) und (1.17). Man mißt die Feldstärke also z.B. in V/m oder auch kV/cm.

## 1.4 Die Erregung des elektrischen Feldes

Bisher haben wir das elektrische Feld an seiner Kraftwirkung auf geladene Probekörper studiert und anfangs nur festgestellt, daß das elektrische Feld durch benachbarte geladene Körper hervorgerufen wird. Nun untersuchen wir diesen Zusammenhang, also die Erregung des elektrischen Feldes, näher und betrachten dazu die experimentell ermittelten Gesetze über die Kraftwirkung, die geladene Körper aufeinander ausüben. Durch sorgfältige Messungen (Coulomb 1785) hat man folgendes festgestellt:

Zwei kleine, fast punktförmige geladene Körper, die die Ladungen $Q_1$ und $Q_2$ tragen und voneinander den Abstand $r$ haben, üben aufeinander eine Kraft aus, für deren Betrag

$$|\boldsymbol{F}| = f\,\frac{Q_1 Q_2}{r^2} \tag{1.29}$$

gilt.

Dabei ist $f$ ein Proportionalitätsfaktor, der noch bestimmt werden muß. Die Kraft wirkt anziehend, wenn beide Ladungen verschiedenes Vorzeichen haben; sie wirkt abstoßend, wenn beide Ladungen gleiches Vorzeichen haben (Abb. 1.7). Der Vergleich der Definition (1.1) für die elektrische Feldstärke mit der Gleichung (1.29), die wir in der Form

$$|\boldsymbol{F}_1| = Q_1 \cdot \frac{f\,Q_2}{r^2} \tag{1.30}$$

schreiben, ergibt:

$$|\boldsymbol{E}_2| = \frac{f\,Q_2}{r^2}. \tag{1.31}$$

Wir können also sagen: Die Punktladung $Q_2$ erregt in ihrer Umgebung ein radial gerichtetes elektrisches Feld, dessen Betrag im Abstand $r$ den durch Gleichung (1.31) gegebenen Wert $|\boldsymbol{E}_2|$ hat. $\boldsymbol{E}_2$ bezeichnet hier also nur das Feld, das von der Ladung $Q_2$ ausgeht, und nicht das resultierende Feld, das von den beiden Ladungen $Q_1$ und $Q_2$ erregt wird. Das muß auch immer bei der Verwendung der Gleichung (1.1) beachtet werden: $\boldsymbol{E}$ ist dort die Feldstärke, die vor dem Einbringen der Ladung $Q$ gemessen wird; wir setzen also voraus, daß $Q$ die Feldstärke $\boldsymbol{E}$ nicht beeinflußt.

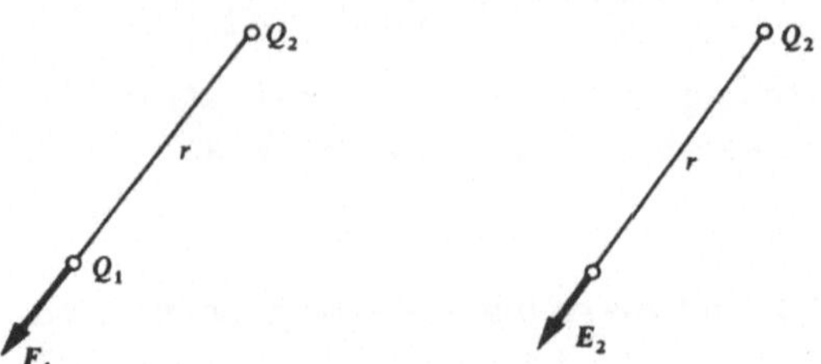


Abb. 1.7 Kraft zwischen zwei Punktladungen

Abb. 1.8 Elektrische Feldstärke in der Umgebung einer Punktladung

Bei positiver Ladung ist das Feld radial nach außen, bei negativer Ladung radial nach innen gerichtet (Abb. 1.8). Man kann sich das von der Punktladung erregte elektrische Feld durch Feldlinien veranschaulichen, die – von einer positiven Ladung ausgehend – allseits geradlinig ins Unendliche streben. Als Feldlinie wird dabei diejenige Linie bezeichnet, deren Tangente in jedem Punkt der Linie die Richtung der Feldstärke hat. Eine Feldlinie sagt also über den Betrag der Feldstärke nichts aus. Wir fassen zusammen: Ein geladener Körper reagiert nicht nur auf das ihn umgebende elektrische Feld (durch die auf ihn ausgeübte Kraft), sondern er ist auch selbst die Ursache eines elektrischen Feldes.

Die durch das Coulombsche Gesetz beschriebene Anziehung oder Abstoßung zweier geladener Körper erklären wir demnach so: Die Punktladung $Q_2$ erregt in ihrer Umgebung ein elektrisches Feld mit der elektrischen Feldstärke $E_2$, und diese übt auf die Punktladung $Q_1$ eine Kraft $F_1$ aus. Ebenso erregt die Punktladung $Q_1$ in ihrer Umgebung ein Feld $E_1$, das auf die Punktladung $Q_2$ eine Kraft $F_2$ ausübt.

Wenn man noch den Proportionalitätsfaktor $f$ aus der Kraftwirkung bestimmt hat, die zwei bekannte Punktladungen $Q_1$ und $Q_2$ aufeinander ausüben, dann kann im Prinzip auch das elektrische Feld berechnet werden, das entsteht, wenn eine Menge von Punktladungen im Raum verteilt ist; man braucht nur die von den Einzelladungen herrührenden Feldanteile vektoriell zu addieren (Superposition). Abb. 1.9 zeigt, wie die Gesamtfeldstärke $\boldsymbol{E}$ durch vektorielle Addition zweier Einzelfeldstärken $\boldsymbol{E}_1$ und $\boldsymbol{E}_2$ entsteht.

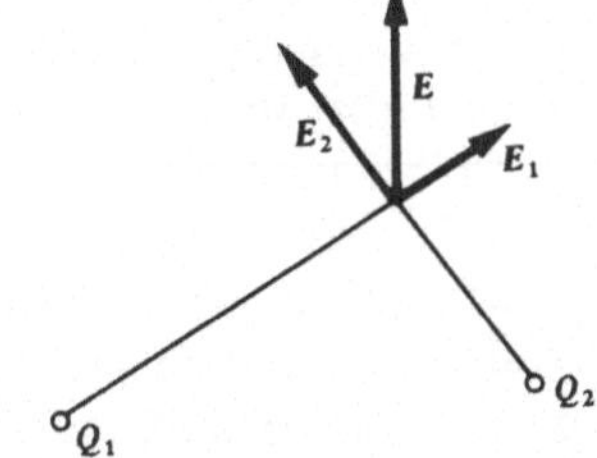


Abb. 1.9 Überlagerung elektrostatischer Felder

Wir haben durch diese Überlegungen zwar eine Vorschrift zur Berechnung des elektrischen Feldes gewonnen, zu einem befriedigenden Verständnis des Gefundenen sind wir aber noch nicht gelangt. Denn die bisherigen Betrachtungen erklären nicht, auf welche Weise der geladene Körper auf seine Umgebung und die ferneren Raumgebiete einwirkt. Wir müßten also eine „Fernwirkung" der Ladung annehmen. Sofort treten noch weitere Fragen auf: Ist der Raum, der zwischen zwei sich anziehenden oder abstoßenden Ladungen liegt, an der Fortpflanzung der Wirkung beteiligt? Wie lange dauert es, bis sich die Wirkung einer Ladung in einer gewissen Entfernung bemerkbar macht?

Wollen wir eine Beschreibung der Felderregung finden, die keinerlei Fernwirkung voraussetzt, so können wir die Erregung der elektrischen Feldstärke $\boldsymbol{E}$ nur am gleichen Ort annehmen, an dem auch die Feldstärke beobachtet wird. Bei dieser Betrachtung ordnen wir in jedem Punkt des Raumes der elektrischen Feldstärke $\boldsymbol{E}$ einen Vektor $\boldsymbol{D}$ zu, der dem Feldstärkevektor gleichgerichtet und ihm proportional ist:

$$\boldsymbol{D} = \varepsilon \boldsymbol{E}. \tag{1.32}$$

Man bezeichnet diesen Erregungsvektor $\boldsymbol{D}$ als elektrische Flußdichte und $\varepsilon$ als elektrische Feldkonstante oder Dielektrizitätskonstante. Durch die Gleichung (1.32) ist die elektrische Erregung für jeden Punkt des Raumes definiert, an dem sich ein elektrisches Feld feststellen läßt, und wir sehen sie anstatt der fernen Ladung als die Ursache der elektrischen Feldstärke an.

Eine Fernwirkung braucht bei dieser Betrachtungsweise nicht angenommen zu werden, denn es wird nur etwas über den Zusammenhang zwischen Feldstärke und Erregung am gleichen Ort ausgesagt. Damit kann auch ohne Schwierigkeiten angenommen werden, daß Ursache und Wirkung gleichzeitig vorhanden sind. Es zeigt sich, daß diese Beschreibung der ersten überlegen ist. Sie führt auch dann nicht zu Widersprüchen, wenn man zeitlich veränderliche Felder und Ladungen betrachtet. Für den uns vorläufig allein interessierenden Fall eines zeitlich unveränderlichen, also statischen Feldes müssen beide Beschreibungen gleichwertig sein. Das erreichen wir, indem wir die beiden Beschreibungen der Erregung, die Ladung $Q$ und die elektrische Flußdichte $\boldsymbol{D}$, miteinander verbinden. Zu diesem Zweck betrachten wir wieder die oben behandelte Punktladung. Überall im Raum ist ein Feldvektor $\boldsymbol{E}$ und damit auch ein Vektor $\boldsymbol{D}$ wirksam, der radial von der Ladung weg nach außen gerichtet ist. Wir können uns das Erregungsfeld durch Flußlinien verdeutlichen; sie gehen wie die Feldlinien strahlenförmig von der Punktladung aus ins Unendliche. In Abb. 1.10 sind diese Linien dargestellt. Wir bestimmen nun den gesamten von der

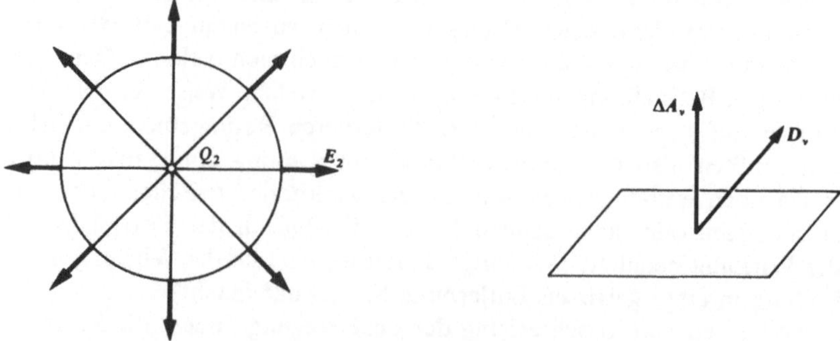


Abb. 1.10 Elektrisches Feld in der Umgebung einer Punktladung

Abb. 1.11 Zur Berechnung eines Hüllenintegrals

geladenen Kugel ausgehenden Fluß folgendermaßen: Um die geladene Kugel legen wir eine beliebig geformte Hülle, vergleichbar mit einem Ballon. Wenn die Oberfläche der Hülle nicht eben ist, teilen wir sie in so kleine Flächenstücke $\Delta A_\nu$ ein, daß diese als eben angesehen werden können. Wir ordnen dem Flächenstück $\Delta A_\nu$ eine Richtung zu, die wir durch den senkrecht auf der Fläche stehenden Vektor $\Delta \boldsymbol{A}_\nu$ kennzeichnen (Abb. 1.11) und durch die Ober- und Unterseite der Fläche $\Delta A_\nu$ unterschieden werden.

Wir definieren nun einen Fluß durch das Flächenstück $\Delta A_\nu$, indem wir den senkrecht durch die Fläche tretenden Anteil von $\boldsymbol{D}_\nu$ mit der Fläche multiplizieren.

Das geschieht bekanntlich, indem man das Skalarprodukt

$$\boldsymbol{D}_\nu \cdot \Delta \boldsymbol{A}_\nu \tag{1.33}$$

bildet. Die Verbindung zur ersten Darstellung der Erregung als Ladung der eingeschlossenen geladenen Kugel stellen wir dadurch her, daß wir den Fluß, der durch die gesamte Hülle tritt, der eingeschlossenen Ladung $Q$ gleichsetzen:

$$\sum_{\nu=1}^{N} \boldsymbol{D}_\nu \cdot \Delta \boldsymbol{A}_\nu = Q. \tag{1.34}$$

Bei beliebig feiner Unterteilung der Hüllenoberfläche schreiben wir die Summe in Form eines Integrals und deuten diese Summation, die Integration über die ganze geschlossene Hülle, durch $\oint$ an:

$$\oint_A \boldsymbol{D} \cdot \mathrm{d}\boldsymbol{A} = Q. \tag{1.35}$$

In unserem Beispiel einer Punktladung läßt sich die Integration leicht ausführen, wenn man als Hülle eine konzentrische Kugel nimmt (Abb. 1.12). Der Vektor $\boldsymbol{D}$ steht überall senkrecht auf der Kugeloberfläche, die Vektoren $\mathrm{d}\boldsymbol{A}$ und $\boldsymbol{D}$ sind in jedem Punkt der Hülle parallel zueinander. Das Skalarprodukt wird hier also einfach gleich dem Produkt der Beträge,

$$\boldsymbol{D} \cdot \mathrm{d}\boldsymbol{A} = D\,\mathrm{d}A.$$

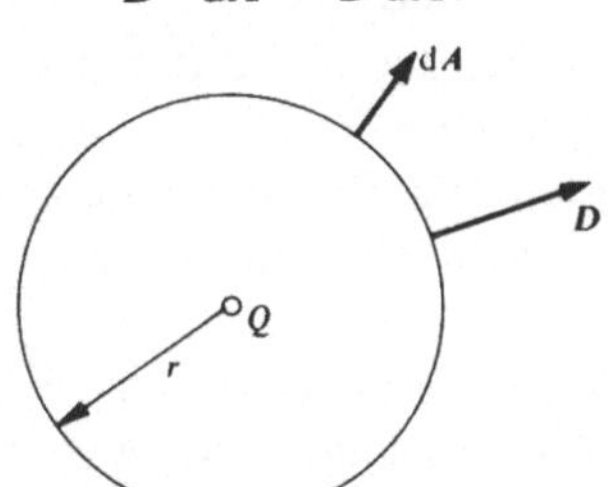


Abb. 1.12 Kugeloberfläche als Hülle um eine Punktladung

Auf der Kugeloberfläche ist der Betrag $D$ konstant. Damit können wir schreiben

$$Q = \oint D \mathrm{d}A = D \oint \mathrm{d}A . \tag{1.36}$$

Hierin bezeichnet

$$\oint \mathrm{d}A = 4\,\pi\, r^2 \tag{1.37}$$

die Oberfläche einer Kugelhülle mit dem Radius $r$. Da der Radius $r$ beliebig ist, ergibt sich für die Flußdichte eines kugelsymmetrischen elektrischen Feldes im Abstand $r$ von der erregenden Ladung aus den Gleichungen (1.36) und (1.37)

$$D = \frac{Q}{4\,\pi\, r^2} . \tag{1.38}$$

Diese Darstellung geht in die erste (1.32) über, wenn wir die Gleichung (1.31) in die Gleichung (1.32) einsetzen, also

$$D = \varepsilon f \cdot \frac{Q}{r^2} . \tag{1.39}$$

bilden und

$$f = \frac{1}{4\,\pi\,\varepsilon} \tag{1.40}$$

setzen.

Sind mehrere geladene Körper in der Hülle vorhanden, dann lautet die Beziehung (1.35) allgemeiner

$$\oint \boldsymbol{D} \cdot \mathrm{d}\boldsymbol{A} = \sum_{\nu} Q_{\nu} . \tag{1.41}$$

Es mag vielleicht überflüssig erscheinen, daß wir den Unterschied zwischen $\boldsymbol{D}$ und $\boldsymbol{E}$ betonen, denn die bisherigen Feststellungen lassen ja auch diesen Schluß zu: Die an irgendwelchen Punkten konzentrierten Ladungen verursachen einen elektrischen Fluß, dieser wiederum verursacht die Feldstärke $\boldsymbol{E}$. Warum sagen wir dann nicht einfach: die Ladungen erzeugen die Feldstärke $\boldsymbol{E}$?

Das hat man auch früher getan und damit mancherlei Mißverständnisse verursacht. Nach unserer Vorstellung ist aber $\boldsymbol{D}$ nicht die Wirkung irgendeiner Ladung im Raum, sondern vielmehr die der Feldvorstellung angepaßte andersartige Beschreibung dieser Ladung. Wir sagen entweder

a) im Punkt $a$ befindet sich eine konzentrierte Ladung $Q$, oder
b) überall im Raum existiert eine elektrische Flußdichte $\boldsymbol{D}$, die vom Punkt $a$ weg gerichtet ist und in jedem Punkt den Betrag $D = Q/4\,\pi\, r^2$ hat, wenn $r$ der Abstand des Punktes von $a$ ist.

Beide Aussagen beschreiben den gleichen Sachverhalt auf verschiedene Weise. Das wird in der Physik häufig getan, um alle Seiten eines Tatbestandes gut darstellen zu können. So wird zum Beispiel das Licht einmal als Welle und einmal als eine Bewegung von Lichtquanten gedeutet, je nachdem welche Eigenschaften des Lichtes beschrieben werden sollen.

Das Bindeglied zwischen den beiden Beschreibungen der Ladung ist die Beziehung

$$\oint_A \boldsymbol{D} \cdot \mathrm{d}\boldsymbol{A} = \sum_\nu Q_\nu .$$

Wir beachten hierbei, daß natürlich $\oint \boldsymbol{D} \cdot \mathrm{d}\boldsymbol{A} = 0$ wird, wenn wir die Hülle so legen, daß keine Ladungen darin eingeschlossen sind. Mit anderen Worten: die $\boldsymbol{D}$-Linien beginnen an positiven und enden an negativen Ladungen.

Die Flußdichte $\boldsymbol{D}$ gibt an, wieviel Ladung (Erregung) vorhanden ist. Wir messen $\boldsymbol{D}$ durch Vergleich mit einer bekannten Ladung, $\boldsymbol{D}$ ist eine Quantitätsgröße. Die Feldstärke $\boldsymbol{E}$ gibt die Stärke des elektrischen Feldes an. Sie wird durch die ausgeübte Kraftwirkung gemessen und ist eine Intensitätsgröße.

Wir müssen uns noch über die Dimensionen der neu eingeführten Größen klar werden. Aus der Gleichung (1.41) ergibt sich

$$\dim(D) = \frac{\dim(\text{Ladung})}{\dim(\text{Fläche})}, \tag{1.42}$$

als Einheit der elektrischen Flußdichte also z.B.

$$[D] = 1\,\frac{\mathrm{As}}{\mathrm{m}^2}.$$

Aus (1.42) und (1.28) ergibt sich wegen $\varepsilon = \dfrac{D}{E}$

$$\dim(\varepsilon) = \frac{\dim(\text{Ladung})}{\dim(\text{Fläche})} \cdot \frac{\dim(\text{Länge})}{\dim(\text{Spannung})}$$

$$\dim(\varepsilon) = \frac{\dim(\text{Ladung})}{\dim(\text{Länge}) \cdot \dim(\text{Spannung})}, \tag{1.43}$$

und als mögliche Einheit

$$[\varepsilon] = 1\,\frac{\mathrm{As}}{\mathrm{Vm}}.$$

Wir dürfen nun nicht erwarten, für den Zahlenwert von $\varepsilon$ eine ganze Zahl zu finden, da wir ja die Einheiten für die vorkommenden Grundgrößen vorher beliebig festgelegt haben. Tatsächlich ergibt sich für das Vakuum, und praktisch auch für Luft,

$$\varepsilon_0 = 8{,}854 \cdot 10^{-12} \frac{\mathrm{As}}{\mathrm{Vm}}. \tag{1.44}$$

Dieser Wert $\varepsilon_0$ ist sozusagen eine Materialkonstante des Vakuums, worauf der Index 0 hinweisen soll: $\varepsilon_0$ beschreibt den hier gültigen Zusammenhang zwischen elektrischer Feldstärke und elektrischer Flußdichte.

## *1.5 Der elektrische Dipol*

Werden zwei entgegengesetzt gleiche Ladungen an den Enden eines isolierenden Stabes angebracht, so entsteht ein elektrischer Dipol (Abb. 1.13). Wir wollen zuerst die auf einen solchen Probekörper im elektrischen Feld wirkenden Kräfte ausrechnen und danach die von

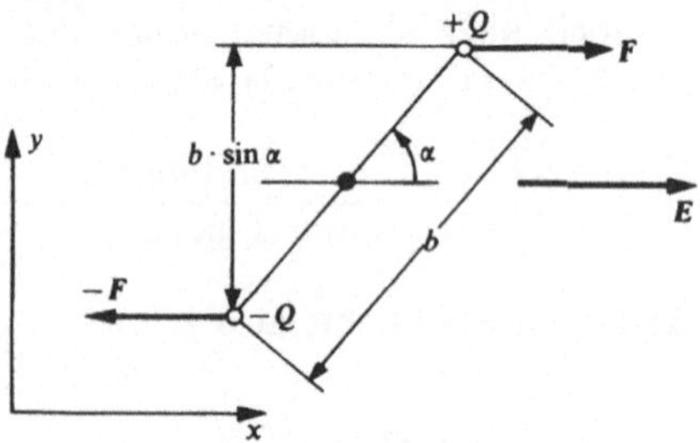


Abb. 1.13 Dipol im elektrischen Feld

einem elektrischen Dipol hervorgerufene Spannungsverteilung (sein Potential). Der Abstand $b$ der beiden Ladungen sei so klein, daß das Feld in diesem Bereich als konstant nach Betrag und Richtung angenommen werden kann. Dann wirken auf die beiden Ladungen entgegengesetzt gleiche Kräfte; sie bilden ein Kräftepaar mit dem Hebelarm $b \cdot \sin\alpha$, das auf den Dipol ein Drehmoment der Größe

$$M_{\mathrm{d}} = b\,Q\,E \sin\alpha \tag{1.45}$$

ausübt. Als Größen, die den Dipol kennzeichnen, treten in dieser Gleichung nur $b$ und $Q$ auf, und zwar nur deren Produkt $b \cdot Q$. Man nennt dieses Produkt das elektrische Dipolmoment und bezeichnet es gewöhnlich mit dem Formelzeichen $p$.

Da das Drehmoment $M_d$ durch die Angabe seiner Größe noch nicht eindeutig gekennzeichnet ist, ordnet man ihm einen Vektor zu, der die Lage der Drehachse im Raum und die Drehrichtung erkennen läßt. Dieser Vektor hat die Richtung, in die sich eine Rechtsschraube bewegt, wenn das Drehmoment $M_d$ auf sie einwirkt (Abb. 1.14).

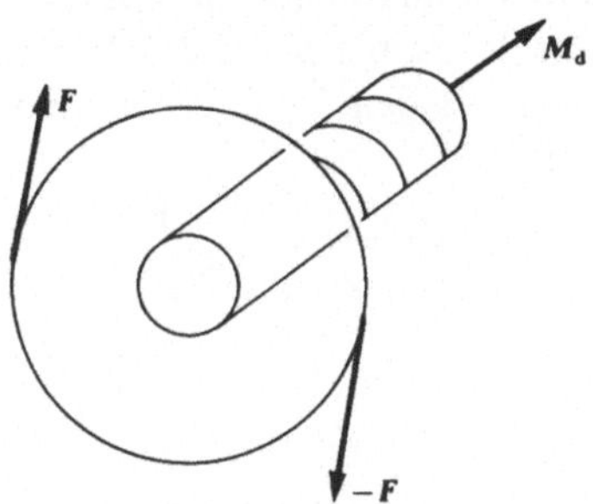


Abb. 1.14 Zuordnung von Kräftepaar und Momentenvektor (Rechtsschraubenregel)

Der Vektor des Drehmoments steht also senkrecht auf den beiden Kräften, durch die es erzeugt wird; sein Betrag wird durch die Gleichung (1.45) angegeben. Wir charakterisieren jetzt den Dipol ebenfalls durch einen Vektor $\boldsymbol{p}$, den Vektor des Dipolmoments, der die Richtung des Verbindungsstabes der beiden Ladungen hat, von der negativen zur positiven Ladung weist und den Betrag $p = Q \cdot b$ hat. Das Drehmoment, das der elektrische Dipol im elektrischen Feld erfährt, läßt sich dann durch das Vektorprodukt

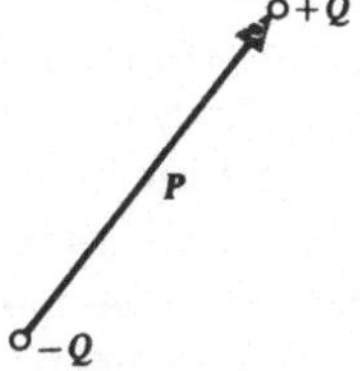


Abb. 1.15 Zur Definition des Dipolmomentes

$$\boldsymbol{M}_d = \boldsymbol{p} \times \boldsymbol{E} \tag{1.46}$$

ausdrücken. Der Vektor $\boldsymbol{M}_d$ steht dabei senkrecht auf der von den beiden Vektoren $\boldsymbol{p}$ und $\boldsymbol{E}$ gebildeten Ebene. Er hat die Richtung, in die sich eine Rechtsschraube bewegen würde, wenn sie aus der Richtung von $\boldsymbol{p}$ auf kürzestem Wege in die Richtung des Vektors $\boldsymbol{E}$ gedreht würde. Der Betrag ist durch

$$M_d = |\boldsymbol{p}||\boldsymbol{E}|\sin\alpha \tag{1.47}$$

gegeben, wobei der Winkel $\alpha$ von den Vektoren $\boldsymbol{p}$ und $\boldsymbol{E}$ gebildet wird; die Gleichung (1.47) stimmt also mit der Gleichung (1.45) überein.

Wenn das elektrische Feld örtlich nicht konstant ist, sind die Kräfte auf die beiden Ladungen des Dipols nicht entgegengesetzt gleich. Es verbleibt eine resultierende Kraft, auch wenn sich der Dipol durch das auf ihn wirkende Drehmoment in Feldrichtung eingestellt hat. Wir nehmen an, diese Richtung sei die $x$-Richtung, und die beiden Ladungen befinden sich an den Punkten $x_0$ und $x_0+b$. Dann wirkt auf den Dipol die Kraft

$$F_x = Q\big(E_x(x_0+b) - E_x(x_0)\big).$$

Wenn die Dipollänge $b$ sehr klein ist, so daß

$$E_x(x_0+b) \approx E_x(x_0) + \frac{\partial E_x(x_0)}{\partial x} \cdot b$$

gesetzt werden kann, wird

$$F_x = Qb \cdot \frac{\partial E_x}{\partial x} = p\,\frac{\partial E_x}{\partial x}. \tag{1.48}$$

Der Dipol wird also in einem inhomogenen Feld in Richtung wachsender Feldstärke gezogen.

Im folgenden werden wir die von einem elektrischen Dipol hervorgerufene Spannungsverteilung (sein Potential) berechnen. und zwar der Einfachheit halber nur für Entfernungen, die groß gegenüber der Dipollänge $b$ sind (Abb. 1.16).

Für das Potential eines elektrischen Feldes gilt die Beziehung (1.14), die jetzt auf das Feld einer Ladung $Q$ angewendet werden soll. Das Potential in der Umgebung des Dipols erhält man aus der Addition der Potentiale seiner beiden Ladungen. Das ist erlaubt, denn das elektrische Feld und damit auch das Potential hängen ja gemäß Gleichung (1.31) linear von den zugehörigen Ladungen ab.

Die Feldlinien einer Einzelladung verlaufen radial von der Ladung weg (Abb. 1.10), und die elektrische Feldstärke hat den Betrag

$$E = \frac{1}{4\pi\varepsilon} \cdot \frac{Q}{r^2},$$

was sich durch Einsetzen der Gleichung (1.38) in die Gleichung (1.32) ergibt. Wir bestimmen nun die Spannung eines Punktes, der den Abstand $r_1$ von der Ladung hat, gegenüber einem unendlich fernen Punkt. Dazu integrieren wir entlang einer Feldlinie von $r_1$ bis unendlich:

$$\varphi_1(r_1) - \varphi_1(\infty) = \int_{r_1}^{\infty} \frac{1}{4\pi\varepsilon} \cdot \frac{Q}{r^2}\,\mathrm{d}r. \tag{1.49}$$

Hierbei ist schon berücksichtigt, daß die elektrische Feldstärke $\boldsymbol{E}$ auf dem gewählten Weg immer die gleiche Richtung hat wie das Wegelement $\mathrm{d}\boldsymbol{s}$, also

$$\boldsymbol{E} \cdot \mathrm{d}\boldsymbol{s} = E\,\mathrm{d}r$$

gilt. Die Auswertung von Gleichung (1.49) liefert das Ergebnis

$$\varphi_1(r_1) - \varphi_1(\infty) = \frac{1}{4\pi\varepsilon} \cdot \frac{Q}{r_1}. \tag{1.50}$$

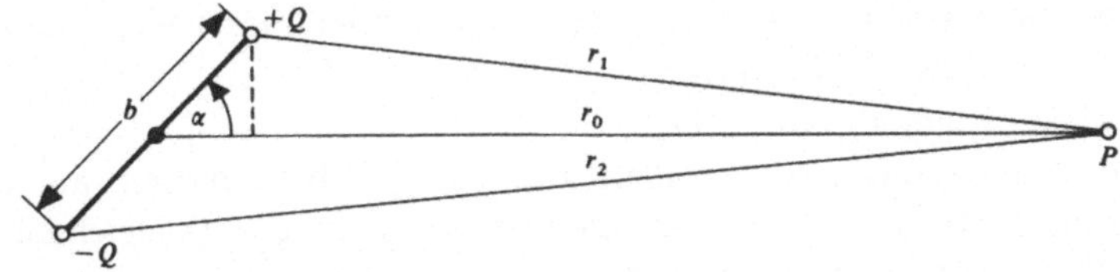


Abb. 1.16 Zur Berechnung des Potentials in der Umgebung eines Dipols

Wenn wir über die willkürliche Konstante dieser Integration so verfügen, daß $\varphi_1(\infty) = 0$ wird, dann ist

$$\varphi_1(r_1) = \frac{1}{4\pi\varepsilon} \cdot \frac{Q}{r_1}. \tag{1.51}$$

Für den Dipol mit den Ladungen $\pm Q$ ergibt sich daraus

$$\varphi = \varphi_1(r_1) + \varphi_2(r_2) = \frac{1}{4\pi\varepsilon} \cdot \frac{Q}{r_1} + \frac{1}{4\pi\varepsilon} \cdot \frac{-Q}{r_2}$$

$$\varphi = \frac{Q}{4\pi\varepsilon}\left(\frac{1}{r_1} - \frac{1}{r_2}\right). \tag{1.52}$$

Ist der Abstand des Punktes $P$ vom Dipol groß, so gilt nach Abb. 1.16

$$r_1 \approx r_0 - \frac{b}{2}\cos\alpha \qquad r_2 \approx r_0 + \frac{b}{2}\cos\alpha$$

und

$$\frac{1}{r_1} - \frac{1}{r_2} = \frac{r_2 - r_1}{r_1 r_2} \approx \frac{b\cos\alpha}{r_0^2 - \frac{b^2}{4}\cos^2\alpha} \approx \frac{b\cos\alpha}{r_0^2},$$

wobei wegen $b \ll r_0$ die zuletzt ausgeführte Näherung ebenfalls erlaubt ist. Damit ist das Potential in großen Entfernungen vom Dipol durch

$$\varphi \approx \frac{bQ}{4\pi\varepsilon} \cdot \frac{\cos\alpha}{r_0^2}$$

gegeben. Auch hier tritt wieder das Dipolmoment $b\,Q$ auf.

Bemerkenswert ist weiter, daß das Potential des Dipols mit $1/r^2$ für $r \to \infty$ verschwindet, im Gegensatz zum Potential einer Einzelladung, das nach Gleichung (1.51) mit $1/r$ für $r \to \infty$ gegen Null strebt: In großem Abstand gleichen sich die Wirkungen der beiden entgegengesetzt gleichen Ladungen zunehmend aus.

## *1.6 Die Kapazität*

Für einige einfache Ladungsverteilungen wollen wir das elektrische Feld betrachten. Wir werden dabei einen neuen wichtigen Begriff kennenlernen: die Kapazität einer Anordnung von zwei Elektroden, die die Ladung $+Q$ bzw. $-Q$ tragen.

1. *Beispiel: Plattenkondensator*

Wir denken uns zwei parallele rechteckige Metallplatten, auf der einen die Ladung $+Q$, auf der anderen die Ladung $-Q$ gleichmäßig verteilt. Der Abstand $d$ der Platten sei entsprechend Abb. 1.17 wesentlich kleiner als die Kantenlängen $a, b$.

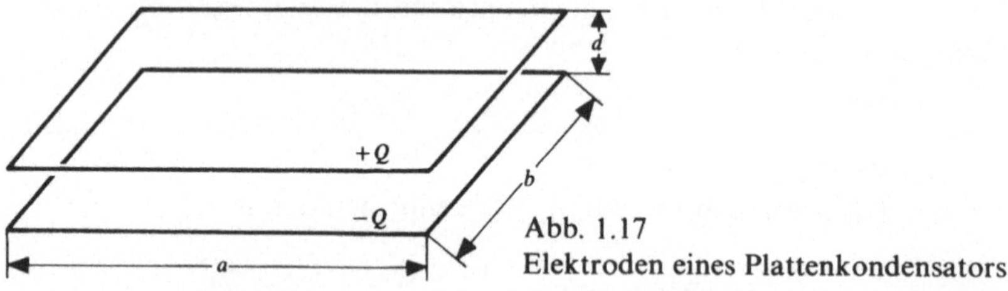


Abb. 1.17
Elektroden eines Plattenkondensators

Die gleichmäßige Verteilung der Ladungen auf den beiden Platten und die symmetrische Anordnung der Ladungen und der beiden Platten hat zur Folge, daß überall zwischen den beiden Platten – bis auf einen kleinen Randbezirk – die elektrische Flußdichte $\boldsymbol{D}$ die gleiche Richtung hat, wie in Abb. 1.18 angedeutet ist. Ihre Linien beginnen bei der positiv geladenen Platte und enden auf der negativ geladenen. Sie stehen senkrecht auf den Flächen. Das folgt aus der Tatsache, daß die elektrische Feldstärke $\boldsymbol{E}$ und damit auch $\boldsymbol{D}$ aus einer Metallfläche nur senkrecht austreten können. Andernfalls würde die elektrische Feldstärke auf der Metallfläche, auf der Ladungen frei beweglich sind, die Ladungen verschieben. Von bewegten Ladungen kann aber kein elektrostatisches Feld erzeugt werden. Die Metallfläche ist aus diesem Grunde im elektrostatischen Feld eine Fläche mit konstantem Potential, eine

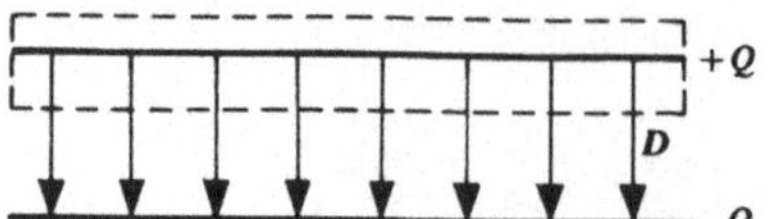


Abb. 1.18
Feldlinien im Plattenkondensator

Äquipotentialfläche, und die elektrischen Feldlinien stehen auf ihr senkrecht. Für den Betrag von $\boldsymbol{D}$ ergibt sich durch Anwendung der Beziehung (1.35) auf die in Abb. 1.18 eingezeichnete Hülle um die positiv geladene Elektrode:

$$\oint \boldsymbol{D} \cdot \mathrm{d}\boldsymbol{A} = DA = Q$$

$$D = \frac{Q}{A}, \tag{1.53}$$

wobei die Fläche $a \cdot b = A$ gesetzt wurde, denn nur diese trägt zum Wert des Hüllenintegrals etwas bei. Die elektrische Flußdichte hat zwischen den Platten überall einen konstanten Betrag. Dieses Ergebnis ist offensichtlich unabhängig von der in Abb. 1.17 gezeichneten Plattenform und nur an die Voraussetzung gebunden, daß die zwei parallelen Platten einen Abstand haben, der klein ist gegenüber den Abmessungen der Fläche. Wir verdeutlichen diese Tatsache durch überall gleich dicht gezeichnete Feldlinien (Abb. 1.18) und vereinbaren, daß im Feldlinienbild die Dichte der gezeichneten Feldlinien ein Maß für den Betrag der elektrischen Flußdichte bzw. der elektrischen Feldstärke ist. Aus $\boldsymbol{D}$ können wir nun die elektrische Feldstärke $\boldsymbol{E}$ bestimmen. Befindet sich zwischen den Platten Luft, die praktisch die gleichen elektrischen Eigenschaften wie das Vakuum hat, so gilt

$$\boldsymbol{E} = \boldsymbol{D}/\varepsilon_0,$$

also

$$E = \frac{Q}{\varepsilon_0 A}. \tag{1.54}$$

Die Spannung zwischen den beiden Platten ergibt sich aus Gleichung (1.14), da $\boldsymbol{E}$ überall konstant ist, einfach zu

$$u = Ed = Q \frac{d}{\varepsilon_0 A}. \tag{1.55}$$

Sie ist der Ladung direkt proportional. Das Verhältnis $Q/u$, das nur von der Anordnung der Platten und von $\varepsilon_0$ abhängt, wird Kapazität genannt und mit dem Buchstaben $C$ bezeichnet.

$$C = Q/u. \tag{1.56}$$

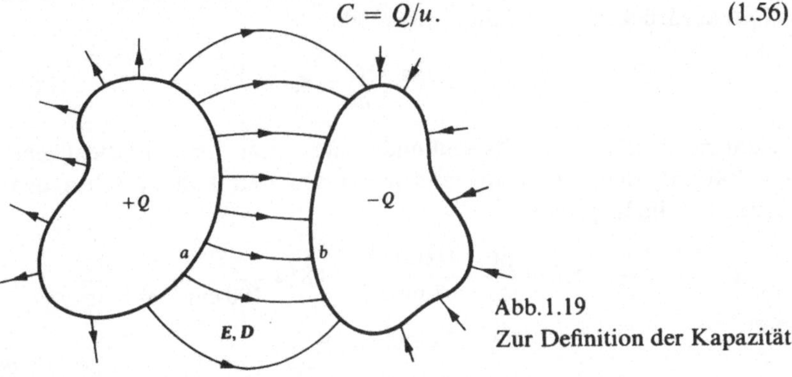


Abb. 1.19
Zur Definition der Kapazität

Für den Plattenkondensator gilt speziell

$$C = \varepsilon_0 \frac{A}{d}, \tag{1.57}$$

was direkt Gleichung (1.55) zu entnehmen ist.

Die Kapazität ist der Fläche $A$ und der Dielektrizitätskonstanten $\varepsilon_0$ direkt und dem Plattenabstand umgekehrt proportional. Sie hat die Dimension

$$\dim(C) = \frac{\dim(Q)}{\dim(u)}. \tag{1.58}$$

Die Kapazität einer beliebigen Elektrodenanordnung läßt sich dann aus der Beziehung (1.56) berechnen, in die die Gleichungen (1.14) und (1.35) eingesetzt worden sind

$$C = \frac{\oint_A \boldsymbol{D} \cdot \mathrm{d}\boldsymbol{A}}{\int_a^b \boldsymbol{E} \cdot \mathrm{d}\boldsymbol{s}}. \tag{1.59}$$

Das Hüllenintegral umschließt dabei die Elektrode mit der positiven Ladung, und das Linienintegral erstreckt sich von der Elektrode mit der positiven Ladung zu der mit der negativen Ladung (Abb. 1.19).

Weil die Kapazität als physikalische Größe häufig vorkommt, hat man ihr eine eigene Einheit gegeben und nennt nach dem Physiker Faraday

$$1\,\frac{\mathrm{As}}{\mathrm{V}} = 1\,\mathrm{Farad} = 1\,\mathrm{F}. \tag{1.60}$$

Diese Einheit ist natürlich eine abgeleitete Einheit. Sie ist für den praktischen Gebrauch gewöhnlich zu groß, man arbeitet daher meist mit µF, nF, pF.

Man kann auch die Dielektrizitätskonstante $\varepsilon$ statt in As/Vm z. B. in F/m ausdrücken und erhält für das Vakuum

$$\varepsilon_0 = 8{,}854 \cdot 10^{-12}\,\frac{\mathrm{As}}{\mathrm{Vm}} = 8{,}854\,\frac{\mathrm{pF}}{\mathrm{m}}. \tag{1.61}$$

Zahlenbeispiel: Ein Plattenkondensator mit der Plattenfläche $A = 100\,\mathrm{cm}^2$, dem Plattenabstand $d = 1\,\mathrm{mm}$ und Luft zwischen den Platten hat die Kapazität

$$C = \varepsilon_0 \cdot \frac{A}{d} = 8{,}854\,\frac{\mathrm{pF}}{\mathrm{m}} \cdot \frac{100\,\mathrm{cm}^2}{1\,\mathrm{mm}} = 8{,}854\,\frac{\mathrm{pF}}{100\,\mathrm{cm}} \cdot \frac{100\,\mathrm{cm}^2}{0{,}1\,\mathrm{cm}}$$

$$C = 88{,}54\,\mathrm{pF}.$$

Liegt zwischen beiden Platten die Spannung $u = 220$ V, so ergibt sich für die Ladung auf den Platten

$$Q = Cu = 88{,}54\,\text{pF} \cdot 220\,\text{V} = 1{,}95 \cdot 10^{-8}\,\text{Coul}.$$

Bei einer Spannung in dieser Größenordnung ist also die Ladung auf den Kondensatorplatten sehr klein. Immerhin enthält sie wegen

$$e = 1{,}602 \cdot 10^{-19}\,\text{Coul}$$

$1{,}215 \cdot 10^{11}$ Elementarladungen.

Daraus erkennen wir, daß man im technischen Bereich gewöhnlich so rechnen kann, als sei die Ladung beliebig unterteilbar.

In Abb. 1.20 ist das Feld in einem Querschnitt des Plattenkondensators durch Feldlinien dargestellt. Auf den beiden Platten sollen sich so viele Ladungen befinden, daß die Spannung zwischen ihnen gerade

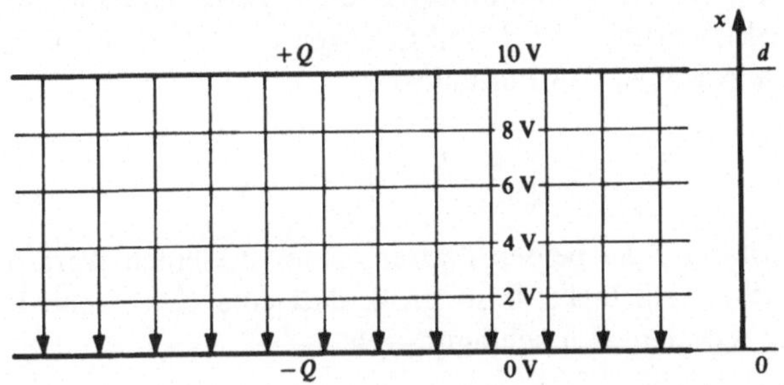


Abb. 1.20 Potential- und Feldlinien im Plattenkondensator

10 V beträgt (Abb. 1.20). Wir ordnen willkürlich der negativ geladenen Platte das Potential 0 V zu; dann hat die positiv geladene Platte das Potential 10 V. Jedem Punkt im Inneren des Kondensators kann ein Potentialwert zugeordnet werden. $\boldsymbol{E}$ ist der $x$-Richtung entgegengesetzt und hat einen konstanten Betrag; es wird also die Komponente $E_x$:

$$E_x = -|\boldsymbol{E}|.$$

Wenn von der negativen zur positiven Platte in $x$-Richtung integriert wird, erhält man aus der allgemeinen Beziehung (1.14):

$$-\int_0^x |\boldsymbol{E}|\,\mathrm{d}x = -|\boldsymbol{E}|\,x = \varphi_0 - \varphi_x. \qquad (1.62)$$

Mit $\varphi_0 = 0$ V an der negativ geladenen Platte erhalten wir

$$\varphi_x = |\boldsymbol{E}|\,x = \frac{Q}{\varepsilon_0 A} \cdot x = u\,\frac{x}{d}. \qquad (1.63)$$

Das Potential nimmt proportional mit $x$, dem Abstand von der negativen Platte, zu. Auf den Linien mit $x =$ konst. ist das Potential konstant. Sie sind in Abb. 1.20 skizziert und mit 2 V, 4 V usw. bezeichnet. Diese „Äquipotentiallinien“ sind nur die Projektion der Äquipotentialflächen in die Querschnittebene; die Äquipotentialflächen verlaufen parallel zu den Plattenflächen. Wird an die Stelle einer Äquipotentialfläche eine dünne leitende Platte gebracht, so ändert sich das Feld nicht; denn die leitende Fläche, auf der sich gegebenenfalls Ladungen bewegen könnten, steht überall senkrecht zur Feldrichtung.

Plattenkondensatoren und ihnen ähnliche Elektrodenanordnungen spielen in der Technik eine große Rolle. Soll ihre Kapazität große Werte annehmen, so muß entweder die Fläche $A$ groß oder der Plattenabstand $d$ klein gemacht werden. Eine weitere Möglichkeit besteht darin, wie wir bald sehen werden, daß statt Luft ein Stoff mit größerer Dielektrizitätskonstante als Isoliermaterial zwischen die Elektroden gebracht wird.

Einer Verkleinerung von $d$ sind Grenzen gesetzt; denn bei gegebener Spannung $u$ zwischen den Platten ist

$$E = \frac{u}{d}.$$

Hat der Abstand $d$ der beiden Platten einen zu kleinen Wert, dann wird die elektrische Feldstärke $\boldsymbol{E}$ so groß, daß eine elektrische Entladung eintritt; der Kondensator schlägt durch.

2. *Beispiel: Kugelkondensator*

Zwei konzentrisch angeordnete, leitende Kugeln mit den Radien $r_1$ und $r_2$ tragen die Ladungen $\pm Q$.

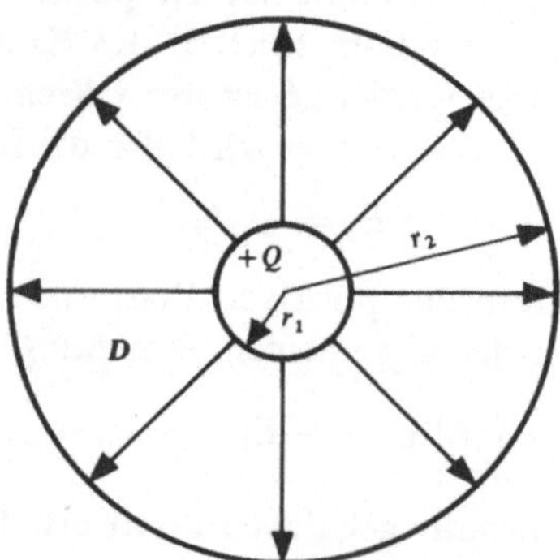


Abb. 1.21 Schnitt durch die Elektroden eines Kugelkondensators und Feldlinien

Die Linien der Flußdichte sind wegen der symmetrischen Anordnung der Kugeln radial gerichtet. Mit den Überlegungen, die wir zur Berechnung des Feldes einer Punktladung benutzt haben, erhalten wir für den Betrag der elektrischen Flußdichte zwischen den beiden Kugeln

$$D = \frac{Q}{4\pi r^2} \quad \text{für } r_1 \leq r \leq r_2, \tag{1.64}$$

und für den Betrag der elektrischen Feldstärke nach Gleichung (1.32)

$$E = \frac{Q}{\varepsilon_0 4\pi r^2} \quad \text{für } r_1 \leq r \leq r_2, \tag{1.65}$$

wobei wir wieder angenommen haben, daß sich zwischen beiden Kugeln als Medium Luft befindet.

Durch Integration über die elektrische Feldstärke entlang einer Feldlinie von der positiv zur negativ geladenen Kugel ergibt sich die Spannung zwischen beiden Kugeln:

$$u = \int_{r_1}^{r_2} \frac{Q}{4\pi\varepsilon_0} \frac{dr}{r^2} = \frac{-Q}{4\pi\varepsilon_0}\left(\frac{1}{r_2} - \frac{1}{r_1}\right)$$

$$u = \frac{Q}{4\pi\varepsilon_0} \cdot \frac{r_2 - r_1}{r_1 r_2}. \tag{1.66}$$

Die Kapazität des Kugelkondensators wird damit

$$C = \frac{Q}{u} = 4\pi\varepsilon_0 \frac{r_1 r_2}{r_2 - r_1}. \tag{1.67}$$

Vergleicht man diese Kapazitätsformel mit der für den Plattenkondensator, so findet man, daß die wirksame Fläche $A$ hier die Kugeloberfläche bei der geometrischen Mitte der beiden Radien ist:

$$A = 4\pi r_1 r_2 .$$

Diese Tatsache kann zu einer näherungsweisen Kapazitätsberechnung für Anordnungen mit zwei ungefähr parallelen, aber verschieden großen Flächen dienen. Es wird dann in die Formel für die Kapazität des Plattenkondensators der Abstand und eine mittlere Plattenfläche eingesetzt.

Wird der äußere Radius des Kugelkondensators sehr groß, so strebt die Kapazität der Anordnung einem Grenzwert zu. Um diesen auszurechnen, schreiben wir die Gleichung (1.67) in der Form

$$C = 4\pi\varepsilon_0 r_1 \frac{1}{1 - r_1/r_2},$$

aus der wir sofort entnehmen, daß für $r_2 \gg r_1$

$$C \approx 4\pi\varepsilon_0 r_1 \tag{1.68}$$

wird. Dieser Grenzwert bei sehr weit entfernter Gegenelektrode wird oft als die Kapazität e i n e r Kugel bezeichnet.

Beim Kugelkondensator können wir uns wieder in einfacher Weise ein Bild von den Feldlinien und den Äquipotentialflächen machen. Die Feldlinien gehen radial von der inneren zur äußeren Kugelfläche. Die Äquipotentialflächen sind konzentrische Kugelschalen, denn nach Gleichung (1.51) ist das Potential für die Punkte gleich, die gleichen Abstand vom Kugelmittelpunkt haben:

$$\varphi(r) - \varphi(\infty) = \frac{1}{4\pi\varepsilon} \cdot \frac{Q}{r} \quad \text{für } r_1 \leq r \leq r_2 .$$

Die Äquipotentialflächen haben bei konstanter Potentialdifferenz einen um so kleineren Abstand, je kleiner $r$ wird.

Das elektrische Feld $\boldsymbol{E}$ in einem Kugelkondensator ist also nicht homogen. Es ist ortsabhängig, wie in Abb. 1.22 skizziert.

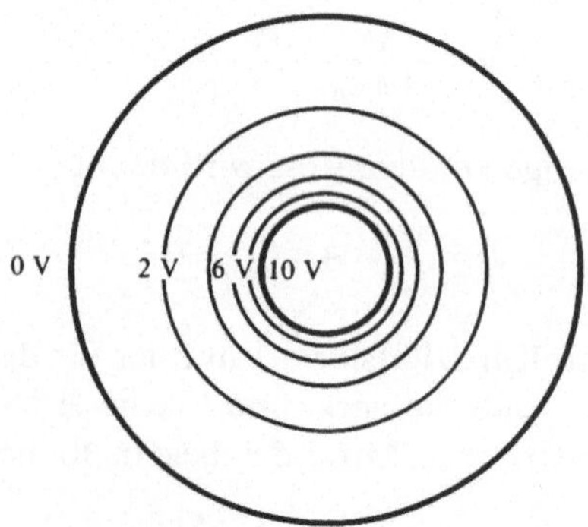


Abb. 1.22 Schnitt durch die Äquipotentialflächen eines Kugelkondensators

3. *Beispiel: Koaxialkabel*

Es soll das elektrische Feld in einem Kabelstück berechnet werden, das aus zwei konzentrischen, leitenden Zylindern besteht. Die Länge $l$ des Kabelstückes wollen wir als sehr groß gegenüber dem Kabeldurchmesser annehmen, damit das Streufeld an den Kabelenden gegenüber dem betrachteten Innenfeld vernachlässigt werden kann.

Der Innenleiter mit dem Radius $r_1$ trage die Ladung $+Q$, der Außenleiter mit dem Radius $r_2$ die Ladung $-Q$.

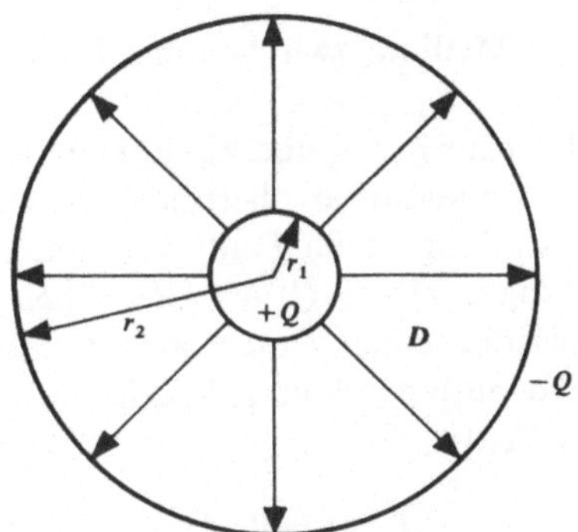


Abb. 1.23 Schnitt durch die Elektroden eines Zylinderkondensators und Feldlinien

Die $\boldsymbol{D}$-Linien verlaufen radial vom Innen- zum Außenleiter, und sie liegen in Ebenen, die senkrecht zur Zylinderachse verlaufen, wenn vom Streufeld an den Kabelenden abgesehen wird. Zur Berechnung des Betrages der elektrischen Flußdichte benutzen wir wieder die Beziehung (1.35) und legen als Hülle einen konzentrischen Zylinder um den Innenleiter, der von zwei Kreisscheiben an den Enden abgeschlossen wird (Abb. 1.24). Dann durchstoßen die Linien der elektrischen Fluß-

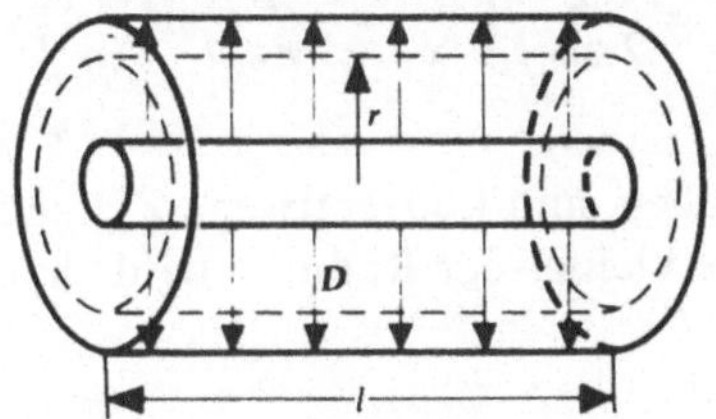


Abb. 1.24 Hüllfläche (dünn gestrichelt) im Zylinderkondensator

dichte die Zylinderfläche senkrecht und haben auf dieser Fläche den gleichen Betrag, während sie zu den Grundflächen des Zylinders parallel verlaufen und demnach wegen

$$\boldsymbol{D} \cdot \mathrm{d}\boldsymbol{A} = 0$$

nichts zum Hüllenintegral beitragen. Es gilt damit

$$\oint \boldsymbol{D} \cdot \mathrm{d}\boldsymbol{A} = D 2\pi r l = Q\,; \tag{1.69}$$

denn die Zylinderoberfläche ist $A = 2\pi r l$.

Die elektrische Feldstärke hat die gleiche Richtung wie die elektrische Flußdichte und den Betrag

$$E = \frac{Q}{2\pi\varepsilon_0 l r}, \tag{1.70}$$

wobei wieder Luft als Medium zwischen den Elektroden angenommen ist.

Selbstverständlich ist für $r < r_1$ und $r > r_2$ kein elektrisches Feld vorhanden, denn bei der Integration über eine geschlossene Hülle ist in beiden Fällen keine Ladung in der Hülle vorhanden. Für $r > r_2$ ist die eingeschlossene Ladung ja $Q + (-Q) = 0$. Zwischen den Leitern können wir jedem Punkt wieder einen Potentialwert zuordnen. Zu diesem Zweck integrieren wir entlang einer Feldlinie und erhalten wegen des radialen Verlaufs der Feldstärke

$$\boldsymbol{E} \cdot \mathrm{d}\boldsymbol{s} = E_r \mathrm{d}r ,$$

wobei wir für $E_r$ die Beziehung (1.70) einsetzen und wie oben mit $r$ den Abstand vom Zylindermittelpunkt bezeichnen.

Für die Spannung zwischen einem Punkt auf dem Zylinder mit dem Radius $r$ und dem Außenleiter erhalten wir

$$u = \varphi_r - \varphi_{r_2} = \int_r^{r_2} E_r \mathrm{d}r$$

$$u = \frac{Q}{2\pi\varepsilon_0 l} \int_r^{r_2} \frac{\mathrm{d}x}{x} = \frac{Q}{2\pi\varepsilon_0 l} \ln\left(\frac{r_2}{r}\right) . \tag{1.71}$$

Die Äquipotentialflächen sind konzentrische Zylinder, sie liegen um so dichter beisammen, je kleiner der Radius $r$ wird. Auch hier ist das Feld inhomogen.

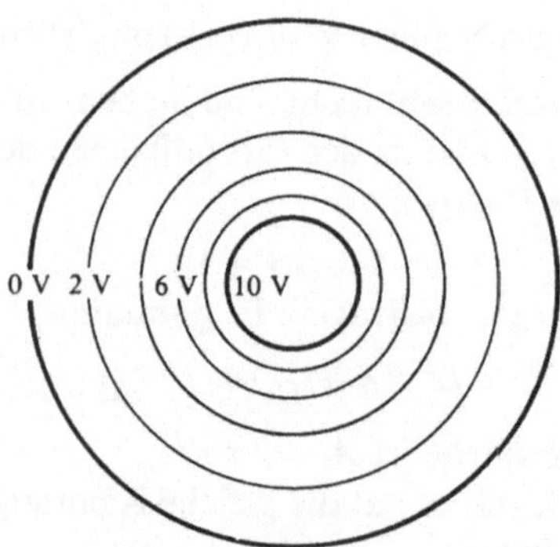


Abb. 1.25 Schnitt durch die Äquipotentialflächen eines Zylinderkondensators

Speziell ergibt sich für die Spannung zwischen Innen- und Außenleiter

$$u_{r_1,r_2} = \frac{Q}{2\pi\varepsilon_0 l}\ln\left(\frac{r_2}{r_1}\right) \tag{1.72}$$

und für die Kapazität des Kabelstücks

$$C = \frac{Q}{u_{r_1,r_2}} = \frac{2\pi\varepsilon_0 l}{\ln(r_2/r_1)}. \tag{1.73}$$

In den meisten Fällen interessiert man sich für die Kapazität des Kabelstücks, dividiert durch seine Länge. Hierfür ergibt sich

$$\frac{C}{l} = \frac{2\pi\varepsilon_0}{\ln(r_2/r_1)}. \tag{1.74}$$

Zahlenbeispiel: Für ein Kabel mit

$$\frac{r_2}{r_1} = 2{,}71 = \mathrm{e}\,,\quad \text{also} \quad \ln\frac{r_2}{r_1} = 1$$

und Luft als Isolator zwischen den Elektroden erhält man

$$\frac{C}{l} = 55{,}5\,\frac{\mathrm{pF}}{\mathrm{m}} = 55{,}5\,\frac{\mathrm{nF}}{\mathrm{km}}.$$

4. *Beispiel: Doppelleitung*

Hier ist die Berechnung der Feld- und Potentialverteilung etwas schwieriger als in den vorhergehenden Beispielen. Es soll das Feld einer Doppelleitung aus zwei parallelen Drähten der Länge $l$ bestimmt werden, wie sie als Fernsprech-Freileitung oder als Hochspannungsleitung häufig vorkommt. Wir vereinfachen uns das Problem durch die Annahme, daß der Radius $r_0$ der beiden Drähte sehr viel kleiner ist als ihr Abstand $2a$:

$$2a \gg r_0.$$

Für die Rechnung legen wir ein Koordinatensystem so, daß seine $x$-Achse durch die Mitte der beiden Leitungsdrähte geht und sein Ursprung in der Mitte zwischen beiden Drähten liegt. Die Potentialverteilung dieser Anordnung erhalten wir durch Überlagerung der Potentialbeiträge der Einzelleiter. Wenn der Leiter mit der Ladung $+Q$ allein vorhanden wäre, dann hat ein beliebiger Punkt der $x$-$y$-Ebene, der von der Mitte des Leiters den Abstand $r_1$ hat, gegenüber dem Koordinatenursprung die Spannung

$$u_{PO}^{(1)} = \varphi_P^{(1)} - \varphi_O^{(1)} = \frac{Q}{2\pi\varepsilon_0 l}\ln\left(\frac{a}{r_1}\right),$$

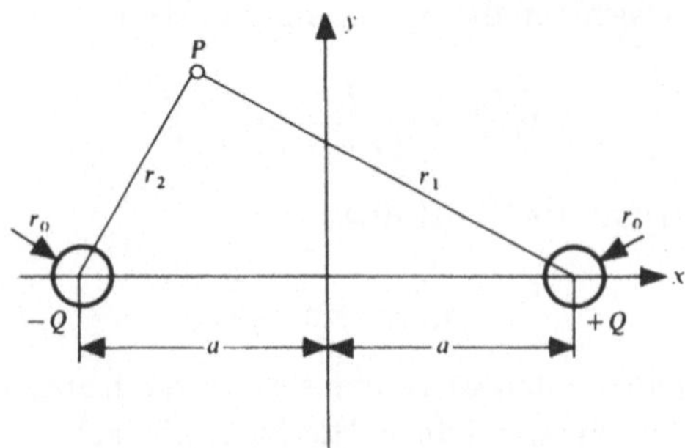


Abb. 1.26 Zur Berechnung des Potentials in der Umgebung einer Doppelleitung

wie wir der Gleichung (1.72) entnehmen können, wenn auch hier das Streufeld am Leiterende vernachlässigt wird. Der Leiter mit der Ladung $-Q$ allein trägt im Punkt $P$ zum Potential den Wert

$$u_{PO}^{(2)} = \frac{-Q}{2\pi\varepsilon_0 l} \ln\left(\frac{a}{r_2}\right)$$

bei.

Sind beide Leiter vorhanden, so wird die Spannung des Punktes $P$ gegenüber dem Koordinatenursprung nicht exakt gleich der Summe von $u_{PO}^{(1)}$ und $u_{PO}^{(2)}$, denn die angegebenen Einzelpotentiale der Leiter gelten unter der Voraussetzung, daß die Ladungen auf der Leiteroberfläche gleichmäßig verteilt sind. Das trifft jedoch hier nicht mehr zu. Vielmehr werden sich unter dem Feld des anderen Leiters die Ladungen auf den Leiteroberflächen ungleichmäßig verteilen, so daß die Einzelpotentiale der Leiter nicht durch $u_{PO}^{(1)}$ bzw. $u_{PO}^{(2)}$ gegeben sind. Nur wenn die Radien der beiden Leiter verschwindend klein gegenüber dem Leiterabstand sind, was wir zunächst annehmen wollen, kann die ungleichmäßige Ladungsverteilung vernachlässigt werden, und die Spannung gegenüber dem Koordinatenursprung wird

$$u_{PO} = \frac{Q}{2\pi\varepsilon_0 l}\left(\ln\frac{a}{r_1} - \ln\frac{a}{r_2}\right)$$

$$u_{PO} = \frac{Q}{2\pi\varepsilon_0 l}\ln\left(\frac{r_2}{r_1}\right). \qquad (1.75)$$

Aus dieser Gleichung entnehmen wir, daß auf den Linien gleichen Potentials, also den Äquipotentiallinien in der $x$-$y$-Ebene, das Verhältnis der Abstände $r_2/r_1$ von den beiden Drahtmittelpunkten konstant ist. Die Schar der Apolloniuskreise um diese beiden Punkte erfüllt gerade diese Bedingung. Auf diesen Kreisen könnte also eine Probeladung beliebig bewegt werden, ohne daß Arbeit aufgewendet wird. Bei nicht verschwindend kleinem Leiterradius müssen wir deshalb die Mittelpunkte der Leiter mit den Mittelpunkten der Apolloniuskreise zusammenfallen lassen, dann beschreibt Gleichung (1.75) die Spannungsverteilung auch hier exakt.

Aus der Gleichung der Schar der Apolloniuskreise

$$y^2+(a-x)^2 = \frac{r_{1\nu}^2}{r_{2\nu}^2}\cdot\left(y^2+(a+x)^2\right),$$

die mit der Abkürzung

$$\frac{r_{2\nu}^2+r_{1\nu}^2}{r_{2\nu}^2-r_{1\nu}^2} = \lambda_\nu \qquad |\lambda_\nu| \geqslant 1$$

die Form

$$y^2+(x-\lambda_\nu a)^2 = a^2(\lambda_\nu^2-1)$$

annimmt, findet man die Radien $r_\nu$ und die Koordinaten der Kreismittelpunkte $b_\nu$, indem man $y=0$ setzt und aus der hierbei entstehenden Gleichung für die Schnittpunkte $x_\nu$ der Apolloniuskreise mit der $x$-Achse

$$x_\nu = \lambda_\nu a \pm a\sqrt{\lambda_\nu^2-1}$$

die halbe Differenz bzw. Summe der beiden Lösungen $x_\nu$ bildet. Es ergibt sich

$$b_\nu = \lambda_\nu a \qquad r_\nu = a\sqrt{\lambda_\nu^2-1}$$

oder aufgelöst nach $\lambda_\nu$

$$\lambda_\nu = \sqrt{1+r_\nu^2/a^2} \qquad 1/\lambda_\nu = \sqrt{1-r_\nu^2/b_\nu^2}.$$

Für einen Leiter mit einem Radius $r_\nu = r_0 \ll a$ liegt der zugehörige Wert $\lambda_0$ so dicht bei eins, daß man den Unterschied zwischen $b_0$ und $a$ im allgemeinen vernachlässigen kann.

In Abb. 1.27 sind die Apolloniuskreise der Äquipotentiallinien für eine Doppelleitung mit $a/r_\nu \approx 7$ dargestellt. Der Unterschied zwischen dem Apolloniuskreis mit dem Radius $r_0$ und einem gleichgroßen Kreis um $a$ ist andeutungsweise erkennbar. In der Abbildung sind auch die Feldlinien dargestellt, die die Äquipotentiallinien senkrecht schneiden. Sie bilden eine Kreisschar durch die Punkte $x = \pm a$.

Um die Kapazität der Doppelleitung auszurechnen, müssen wir die Spannung zwischen den Oberflächen der beiden Leiter bestimmen. Aus Symmetriegründen müssen die beiden Leiter entgegengesetzt gleiche Spannungen gegenüber dem Koordinatenursprung haben, also

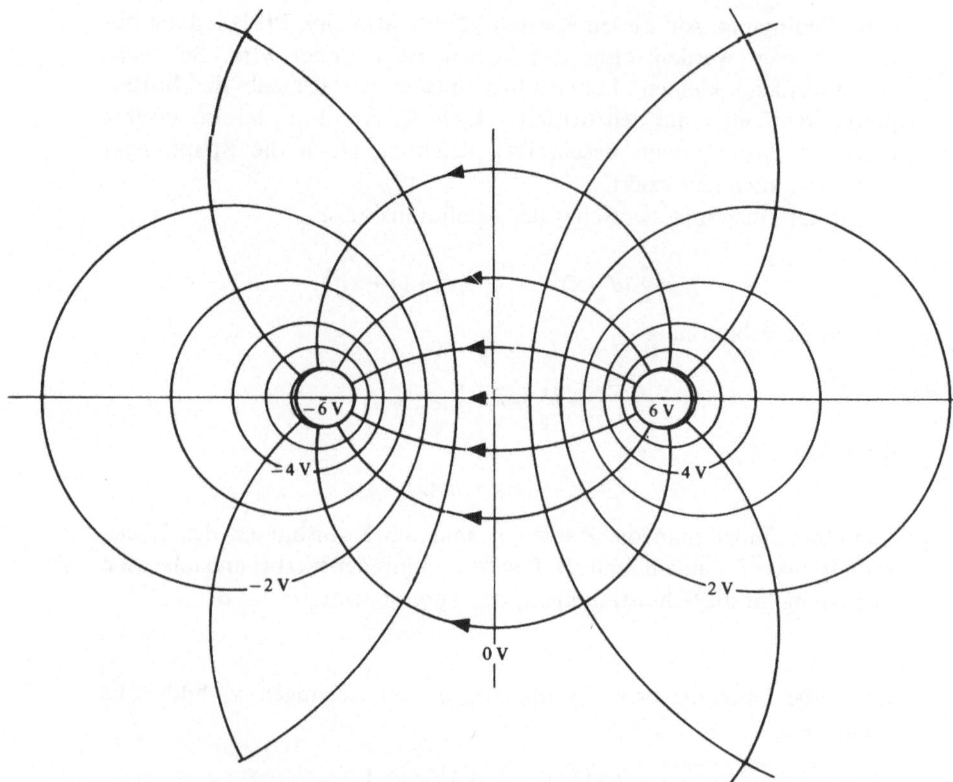


Abb. 1.27 Potential- und Feldlinien in der Umgebung einer Doppelleitung

ist die Spannung zwischen ihnen doppelt so groß wie die in Gleichung (1.75) angegebene.

$$u_{12} = \frac{Q}{\pi \varepsilon_0 l} \cdot \ln\left(\frac{r_2}{r_1}\right).$$

Wenn man hier den zu $r_1 = r_0$ gehörenden Wert einsetzt, ergibt sich die Kapazität zwischen den Leitern in der Form

$$C = \frac{Q}{u_{12}} = \frac{\pi \varepsilon_0 l}{\ln \sqrt{\frac{\lambda_0 + 1}{\lambda_0 - 1}}}.$$

Hier müssen wir nun statt $\lambda_0$ wieder den Leiterradius $r_0$ und den Abstand der Leitermitten $2b_0$ einführen. Für den praktisch wichtigsten Fall $r_0 \ll b_0$ können wir $b_0 \approx a, \lambda_0 \approx 1$ setzen und brauchen nur $\lambda_0 - 1$ genauer auszurechnen. Dazu benutzen wir die Umformung

$$\sqrt{\frac{\lambda_0 + 1}{\lambda_0 - 1}} = \frac{\lambda_0 + 1}{\sqrt{\lambda_0^2 - 1}} = \frac{a(1 + \sqrt{1 + r_0^2/a^2})}{r_0} \approx \frac{2a}{r_0}$$

und erhalten für die Kapazität der Doppelleitung dividiert durch die Leitungslänge

$$\frac{C}{l} \approx \frac{\pi \varepsilon_0}{\ln\left(\frac{2a}{r_0}\right)}. \tag{1.76}$$

Gegenüber dem für beliebige $r_0$ geltenden genauen Wert

$$\frac{C}{l} = \frac{\pi \varepsilon_0}{\ln\left(\frac{b_0}{r_0}(1+\sqrt{1-r_0^2/b_0^2})\right)} \tag{1.77}$$

kann der Fehler leicht abgeschätzt werden.

Zahlenbeispiel: Fernsprech-Freileitung

$$2a = 20\,\text{cm} \qquad r_0 = 1\,\text{mm}$$

$$\ln\frac{2a}{r_0} = \ln 200 = 5{,}3.$$

Das Korrekturglied $\left(\frac{r_0}{2a}\right)^2 = (5\cdot 10^{-3})^2 = 2{,}5\cdot 10^{-5}$ ist gegenüber diesem Wert vernachlässigbar.

Man erhält also:

$$\frac{C}{l} = \frac{\pi\,\varepsilon_0}{\ln\left(\frac{2a}{r_0}\right)} = \frac{\pi\cdot 8{,}854}{5{,}3}\cdot\frac{\text{pF}}{\text{m}}$$

$$\frac{C}{l} = 5{,}25\,\frac{\text{pF}}{\text{m}}.$$

5. *Beispiel: Beliebige ebene Elektrodenanordnung*

Die bisher berechneten Beispiele für elektrische Felder, die von zwei entgegengesetzt geladenen Elektroden hervorgerufen werden, zeichnen sich dadurch aus, daß der Verlauf der Feldlinien durch einfache Überlegungen über die Symmetrie der Elektrodenanordnung gefunden werden kann. Liegt der Verlauf der Feldlinien fest, dann können in einfacher Weise die Beziehungen (1.14) und (1.35) ausgewertet werden, so daß auch über die Beträge der elektrischen Feldstärke und der Flußdichte Aussagen gewonnen werden. Eine andere Art der Behandlung elektrostatischer Probleme mit Hilfe der Beziehungen (1.14) und (1.35) ist wesentlich schwieriger; hierfür werden weitere mathematische Hilfsmittel benötigt, die den Rahmen der hier angestellten Überlegungen überschreiten.

Wir wollen jedoch für beliebige Elektrodenanordnungen, die sich in einer Richtung nicht ändern, so daß das gesamte elektrische Feld durch den Feldverlauf in einer Querschnittsebene charakterisiert werden kann, eine graphische Methode zur Kapazitätsbestimmung angeben.

Sie beruht auf der Überlegung, daß die Äquipotentialflächen des elektrischen Feldes durch leitende Flächen ersetzt werden können, ohne daß die Feldverteilung sich insgesamt ändert. Werden diese Metallflächen noch in Streifen oder kleine Teilflächen aufgeteilt, dann kann man sich die Kapazität einer verwickelten Elektrodenanordnung zusammengesetzt denken aus den Kapazitäten vieler kleiner Kondensatoren. Macht man die Unterteilung genügend fein, dann haben die einzelnen Kondensatoren näherungsweise die Form von Plattenkondensatoren, deren Kapazität leicht berechnet werden kann. Es bleibt nur zu untersuchen, wie die Kapazitäten der einzelnen Kondensatoren zusammenwirken. Das wollen wir uns wieder am Beispiel des Plattenkondensators veranschaulichen.

Wir könnten uns z. B. die beiden Platten in parallele Streifen unterteilt denken. Dann bestünde der Plattenkondensator aus Teilkondensatoren, die so miteinander verbunden sind, daß an ihnen die gleiche Spannung anliegt. Eine solche Zusammenschaltung wird P a r a l l e l - s c h a l t u n g genannt.

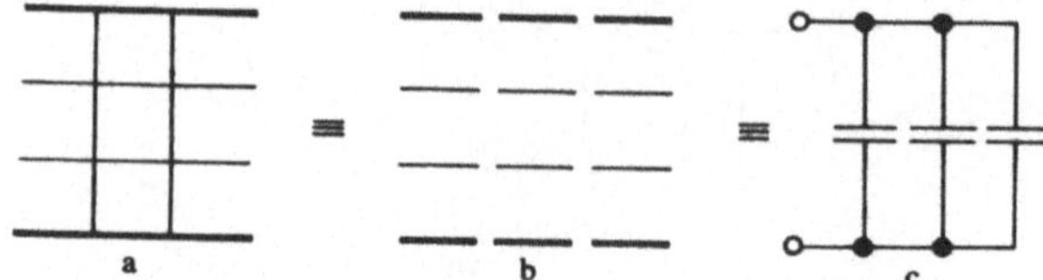


Abb. 1.28 Unterteilung eines Plattenkondensators in Teilkondensatoren und zugehöriges Ersatzschaltbild

Aus der allgemeinen Formel für die Kapazität,

$$C = \frac{Q}{u},$$

erkennt man sofort, wie sich die Kapazität ändert, wenn mehrere Kondensatoren in dieser Weise verbunden werden. An allen Kondensatoren liegt die gleiche Spannung, die Gesamtladung ist gleich der Summe der Einzelladungen

$$Q = Q_1 + Q_2 + Q_3 + \cdots + Q_n.$$

Demnach ergibt sich für die Kapazität

$$C = \frac{Q}{u} = \frac{Q_1}{u} + \frac{Q_2}{u} + \frac{Q_3}{u} + \cdots + \frac{Q_n}{u}$$

$$C = C_1 + C_2 + C_3 + \cdots + C_n. \tag{1.78}$$

Bei der obigen Einteilung in Teilkapazitäten ergibt sich die Gesamtkapazität durch Addition der Teilkapazitäten. Bei $n$ gleichgroßen Teilkapazitäten ist

$$C = nC_1. \tag{1.78}$$

Außer dieser Aufteilung könnten wir entlang der eingezeichneten Äquipotentialflächen Metallflächen einfügen und erhielten dann die in Abb. 1.29 gezeichnete Aufteilung des Gesamtkondensators.

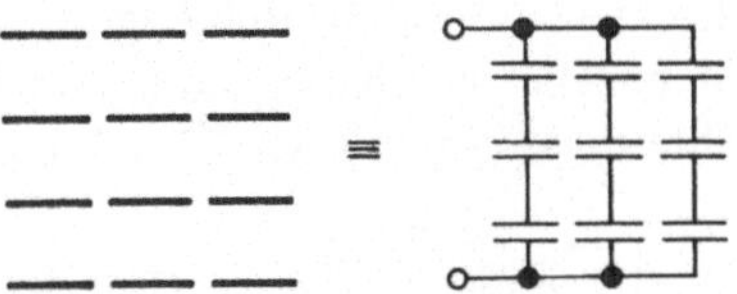

Abb. 1.29 Unterteilung eines Plattenkondensators in Teilkondensatoren und zugehöriges Ersatzschaltbild

Jeder der oben angenommenen Teilkondensatoren besteht jetzt aus drei einzelnen, die so miteinander verbunden sind, daß auf ihnen jeweils die gleiche Ladungsmenge vorhanden ist. Diese Art des Zusammenfügens wird Reihenschaltung genannt. Auf allen Kondensatoren befindet sich die gleiche Ladungsmenge $Q$ und die an der Gesamtanordnung liegende Spannung ist gleich der Summe der Teilspannungen

$$u = u_1 + u_2 + u_3 + \cdots + u_m.$$

Die Gesamtkapazität ist also aus den Teilkapazitäten durch die Beziehung

$$\frac{1}{C} = \frac{u}{Q} = \frac{u_1}{Q} + \frac{u_2}{Q} + \frac{u_3}{Q} + \cdots + \frac{u_m}{Q}$$

$$\frac{1}{C} = \frac{1}{C_1} + \frac{1}{C_2} + \frac{1}{C_3} + \cdots + \frac{1}{C_m} \tag{1.80}$$

zu bestimmen.

Für zwei in Reihe geschaltete Kondensatoren gilt speziell:

$$\frac{1}{C} = \frac{1}{C_1} + \frac{1}{C_2} = \frac{C_1 + C_2}{C_1 C_2}$$

$$C = \frac{C_1 C_2}{C_1 + C_2}.$$

Bei $m$ gleichgroßen Teilkapazitäten ist

$$C = \frac{1}{m} C_1. \tag{1.81}$$

Aus der Art der Aufteilung des Feldes von komplizierten Elektrodenanordnungen, wie wir sie oben vorgenommen haben, sehen wir, daß eine andere Art der Zusammenschaltung der Teilkondensatoren nicht vorkommt. Wir können daher mit den Beziehungen (1.78) und (1.80) die Kapazität der Anordnung bestimmen. Machen wir die Unterteilung fein genug, dann haben die Teile die Feldverteilung von Plattenkondensatoren, deren Kapazität wir leicht angeben können.

Besonders einfach wird die Berechnung, wenn die Teilkondensatoren alle die gleiche Kapazität $C_0$ haben. Dann brauchen wir nur abzuzählen, daß jeweils $m$ Teilkondensatoren in Reihe geschaltet sind und daß $n$ Reihenschaltungen parallel geschaltet sind, und können daraus die Gesamtkapazität näherungsweise mit den Gleichungen (1.79) und (1.81) bestimmen

$$C_{\text{ges}} = \frac{n}{m} C_0 . \tag{1.82}$$

$C_0$ ist die Kapazität eines kleinen Plattenkondensators, dessen Platten die große Länge $l$ und die kleine Breite $b$ haben. Für die Teilkapazität finden wir:

$$C_0 = \varepsilon_0 \frac{A}{d} = \varepsilon_0 l \frac{b}{d} .$$

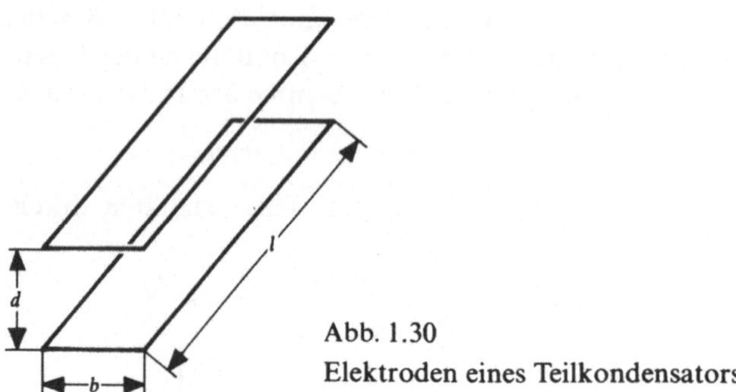


Abb. 1.30
Elektroden eines Teilkondensators

Es interessiert uns die Kapazität dividiert durch die Länge $l$, da wir in diesem Fall in Längsrichtung keine Änderung von $b$ und $d$ annehmen wollen:

$$C_0/l = \varepsilon_0 \frac{b}{d} .$$

Die auf die Länge bezogene Kapazität $C_0/l$ hängt also nur vom Verhältnis $\frac{b}{d}$ ab und nicht vom Abstand $d$ und der Breite $b$ selbst. Bei quadratischem Querschnitt ($b = d$) haben alle Teilkondensatoren die bezogene Kapazität

$$C_0/l = \varepsilon_0 .$$

Damit ist der Weg zur näherungsweisen graphischen Ermittlung der Kapazität aufgezeigt:

Wir versuchen, aus den Feldlinien, die senkrecht aus den Elektroden austreten, und den Linien gleichen Potentials, die die Feldlinien senkrecht schneiden, ein Netz zu zeichnen, dessen Maschen alle etwa die Form eines Quadrates haben. Das gelingt nach einigem Üben im allgemeinen ohne Schwierigkeiten. Die Kapazität einer sogenannten Bandleitung, deren eine Elektrode wesentlich breiter als die andere ist, wird nach diesem Verfahren in Abb. 1.31 berechnet.

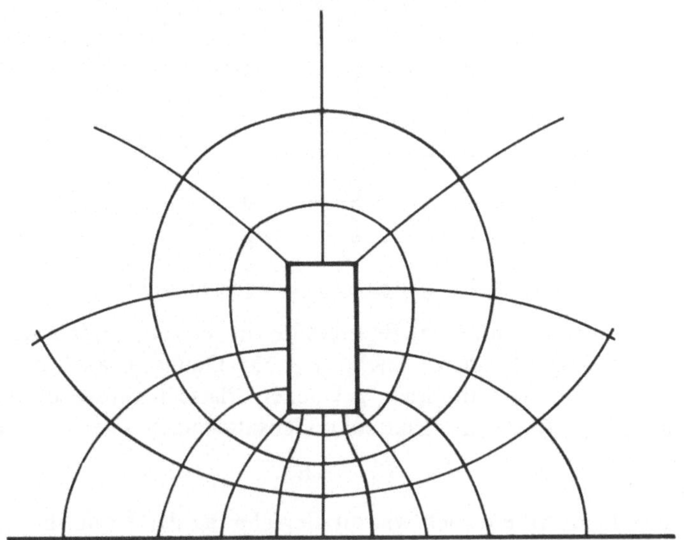

Abb. 1.31 Zur graphischen Bestimmung der Kapazität einer Bandleitung

Hier gilt $n = 14$ und $m = 4$, also

$$C/l = \tfrac{14}{4}\,\varepsilon_0 .$$

Die Zahlen $n$ und $m$ hängen selbstverständlich davon ab, wie groß wir die Quadrate gemacht, wie fein wir also das Feld unterteilt haben; ihr Verhältnis nähert sich jedoch bei immer feinerer Unterteilung des Feldes einem festen Wert.

Eine Modifikation des beschriebenen Verfahrens ist auch für rotationssymmetrische Anordnungen anwendbar.

## 1.7 *Kräfte und Energie im elektrischen Feld*

Wir kehren zu dem als ideal angenommenen Plattenkondensator zurück. Im vorigen Abschnitt haben wir seine Kapazität, also seine Aufnahmefähigkeit für Ladungen, berechnet. Jetzt wollen wir die in ihm gespeicherte Energie und die auf die geladenen Platten ausgeübten Kräfte untersuchen.

Die Kräfte können in diesem Fall nicht ohne weiteres mit der Beziehung (1.1) berechnet werden. Denn in diese Gleichung ist die Größe der Feldstärke einzusetzen, die vor dem Einbringen der Ladung $Q$ an der Stelle der Ladung $Q$ herrscht. Eine einzelne, als sehr ausgedehnt angenommene, geladene Platte verursacht auf beiden Seiten ihrer Fläche die elektrische Flußdichte

$$|\boldsymbol{D}_1| = \frac{Q}{2A}. \tag{1.83}$$

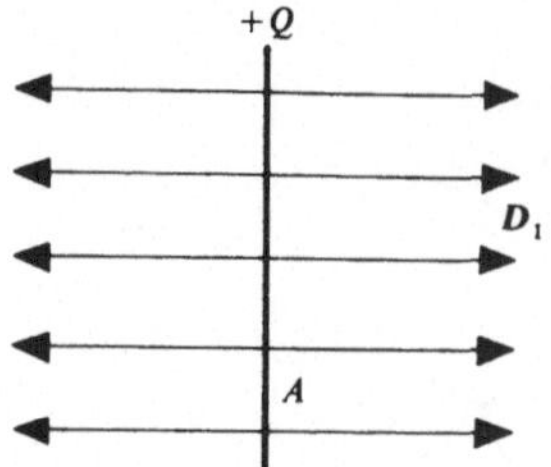


Abb. 1.32 Erregungslinien einer geladenen Platte

Dies ist gerade die Hälfte des Betrages der im Plattenkondensator vorhandenen Flußdichte nach Gleichung (1.53). Damit ist auch die Feldstärke, die von einer einzelnen, geladenen Platte hervorgerufen wird, halb so groß wie die im Plattenkondensator nach Gleichung (1.54)

$$\boldsymbol{E}_1 = \tfrac{1}{2}\boldsymbol{E}.$$

Nur diese Feldstärke dürfen wir zur Berechnung der Kraft, die auf die geladenen Platten wirkt, in Gleichung (1.1) einsetzen. Auf jedes Ladungselement $\Delta Q$ auf einer Platte wirkt die Kraft mit dem Betrag

$$\Delta F = E_1 \Delta Q = \tfrac{1}{2} E \Delta Q.$$

Die auf die ganze Platte wirkende Kraft hat dann den Betrag

$$F = \sum_i \tfrac{1}{2} E \Delta Q_i = \tfrac{1}{2} E \sum_i \Delta Q_i = \tfrac{1}{2} E Q,$$

da die elektrische Feldstärke auf der Plattenoberfläche konstant ist. Hierfür läßt sich auch

$$F = \frac{1}{2}\, E Q = \frac{1}{2}\, Q\, \frac{u}{d} = \frac{1}{2}\, C\, \frac{u^2}{d} = \frac{1}{2}\, \frac{Q^2}{C d} = \frac{1}{2}\, \frac{Q^2}{\varepsilon_0 A} \tag{1.84}$$

schreiben.

Die Richtung der Kraft $\boldsymbol{F}$ hat an der positiv geladenen Platte die Richtung der elektrischen Feldstärke, an der negativen ist sie der Feldstärke $\boldsymbol{E}$ entgegengerichtet, die Kraft sucht die Platten einander zu nähern.

Für die Kraft dividiert durch die Fläche, also den Druck auf die Platten des geladenen Kondensators, erhalten wir dann

$$\sigma = \frac{F}{A} = \frac{1}{2}\frac{Q}{A}E = \frac{1}{2}DE. \tag{1.85}$$

Das läßt sich auch in der Form

$$\sigma = \frac{1}{2}\varepsilon_0 E^2 = \frac{D^2}{2\varepsilon_0}$$

schreiben.

Bei gegebener Spannung (Feldstärke) ist der Druck $\sigma$ proportional der Dielektrizitätskonstanten $\varepsilon_0$, bei gegebener Ladung proportional $1/\varepsilon_0$.

Zahlenbeispiel: In Luft können Feldstärken bis zu einigen kV/mm zugelassen werden, ohne daß eine Entladung durch Überschlag eintritt. Bei $E = 1$ kV/mm ist der Druck auf die Platten

$$\sigma = \frac{1}{2} \cdot 8{,}854 \cdot 10^{-12}\,\frac{\mathrm{As}}{\mathrm{Vm}} \cdot 1\left(\frac{\mathrm{kV}}{\mathrm{mm}}\right)^2 = \frac{1}{2} \cdot 8{,}854\,\frac{\mathrm{VAs}}{\mathrm{m}^3}$$

$$\sigma = 4{,}427\,\frac{\mathrm{N}}{\mathrm{m}^2} = \frac{4{,}427}{9{,}81}\,\frac{\mathrm{kp}}{\mathrm{m}^2}$$

$$\sigma \approx \tfrac{1}{2}\,\mathrm{kp/m^2},$$

also nur sehr gering.

Die im Kondensator gespeicherte Energie wollen wir auf zwei Wegen berechnen.

Zunächst machen wir folgendes Gedankenexperiment. Wir halten die Ladung auf den Kondensatorplatten konstant – führen dem Kondensator von außen also keine Energie durch Verändern der Ladung zu – und lassen die Platten, die sich mit der Kraft

$$F = \frac{1}{2\varepsilon_0}\frac{Q^2}{A}$$

anziehen, sich einander nähern. Da die Kraft vom Abstand $d$ der beiden Platten unabhängig ist, können wir hierbei insgesamt die Arbeit

$$W = Fd = \frac{1}{2\varepsilon_0}\left(\frac{Q}{A}\right)^2 Ad \tag{1.86}$$

gewinnen. Wenn $d = 0$ ist, wenn die Platten sich also berühren, ist das gesamte elektrische Feld verschwunden; denn wir wissen, daß innerhalb der Platten kein Feld vorhanden ist. Wir müssen aus dieser Tatsache schließen,

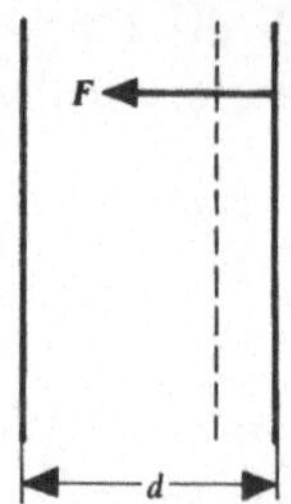


Abb. 1.33 Zur Berechnung der elektrischen Energie in einem Plattenkondensator

daß die im Kondensator gespeicherte Energie gleich dem durch Gleichung (1.86) wiedergegebenen Ausdruck ist.

Das eben ausgeführte Gedankenexperiment können wir auch umgekehrt ablaufen lassen: Wir denken uns zunächst die Platten beliebig dicht beisammen und trennen die Ladungen so, daß sich auf der einen Platte die Ladung $+Q$, auf der anderen die Ladung $-Q$ befindet. Hierzu ist zunächst keine Arbeit erforderlich. Nun entfernen wir die Platten voneinander bis auf den Abstand $d$, wobei die Platten sich mit der konstanten Kraft

$$F = \frac{Q^2}{2\,\varepsilon_0\,A}$$

anziehen und sich ein elektrisches Feld aufbaut. Bei diesem Vorgang haben wir die Energie

$$W = F\,d = \frac{1}{2\,\varepsilon_0}\left(\frac{Q}{A}\right)^2 A\,d$$

aufgewandt, von der wir annehmen müssen, daß sie in dem aufgebauten elektrischen Feld steckt, und die wir wiedergewinnen können, wenn wir die Platten sich wieder einander nähern lassen.

Wir haben bis jetzt durch Aufwendung mechanischer Energie elektrische Energie erzeugt und wollen im folgenden sehen, wie die Energie eines Kondensators auch auf andere Weise geändert werden kann als durch Verändern des Plattenabstandes. Die beiden Platten sollen von vornherein den endgültigen Abstand $d$ haben, und es soll auch schon eine gewisse Ladung $Q$ auf den Platten vorhanden sein, so daß zwischen ihnen die Spannung $u = Q/C$ anliegt.

Der Kondensator wird nun nach und nach dadurch auf den Endzustand aufgeladen, daß immer wieder eine kleine Ladungsmenge $\Delta Q$

von der einen zur anderen Platte transportiert wird. Da hierbei die Spannung $u$ durchlaufen werden muß, wird dem Kondensator jeweils die Energie

$$\Delta W = u \Delta Q$$

zugeführt.

Durch den Ladungstransport hat sich die Spannung zwischen den Platten vergrößert; denn die Ladung ist hierdurch auf $Q + \Delta Q$ angewachsen und zwischen Ladung und Spannung besteht die Beziehung $Q = C \cdot u$. Die Spannung ist also um den Betrag

$$\Delta u = \frac{1}{C} \Delta Q$$

angestiegen. Deshalb können wir die aufgewendete Arbeit auch in der Form

$$\Delta W = C u \Delta u$$

oder

$$\Delta W = \frac{1}{C} Q \Delta Q$$

schreiben.

Der Ladungstransport erfordert um so mehr Arbeit, je mehr Ladungsüberschuß auf den Platten schon vorhanden ist oder mit anderen Worten: je größer die Spannung zwischen den Platten bereits ist.

Summation der einzelnen Energieanteile ergibt die Arbeit, die insgesamt aufgewendet werden muß, um einem ungeladenen Kondensator die Ladung $Q$ zuzuführen oder um zwischen seinen Platten die Spannung $u$ herzustellen:

$$W = \sum_i \Delta W_i = \sum_i \frac{1}{C} Q_i \Delta Q_i . \tag{1.87}$$

Nehmen wir an, daß die Ladungsmengen $\Delta Q$ beliebig klein gemacht werden können – was ja im strengen Sinn nicht möglich ist –, so wird aus der Summe in Gleichung (1.87) ein Integral

$$W = \int_0^{Q_e} \frac{1}{C} Q \,\mathrm{d}Q = \frac{1}{2C} Q_e^2 . \tag{1.88}$$

Hierbei bezeichnet $Q_e$ den Endwert der Ladung auf den Platten. Entsprechend ergibt sich bei der Aufladung der beiden Platten bis zur Spannung $u_e$

$$W = \int_0^{u_e} C u \,\mathrm{d}u = \tfrac{1}{2} C u_e^2 . \tag{1.89}$$

Wegen Gleichung (1.56) sind die drei Ausdrücke für die im Kondensator gespeicherte Energie (1.86), (1.88) und (1.89) einander gleich.

Die dem Kondensator zugeführte Energie, die wir uns als im elektrischen Feld zwischen den Platten gespeicherte Energie vorstellen müssen, hängt nicht nur von der zugeführten Ladung $Q$, sondern über die Kapazität $C$ auch von den Abmessungen des felderfüllten Raumes ab. Wenn wir eine hiervon unabhängige Aussage gewinnen wollen, müssen wir die Energie durch das Volumen des felderfüllten Raumes dividieren, also die Energiedichte

$$w = \frac{W}{V}$$

in unsere Betrachtungen einführen.

Beim Plattenkondensator genügt eine solche Feststellung, weil wir wissen, daß das elektrische Feld überall im Raum zwischen den Platten die gleiche Richtung und den gleichen Betrag hat, und auch die Ladungen auf den Platten gleichmäßig verteilt sind. Es gilt dann einfach

$$w = \frac{Q^2}{2\,C\,V},$$

und wir erhalten, wenn wir das Volumen $V$ durch die Plattenfläche $A$ und den Abstand $d$ ausdrücken,

$$V = A\,d$$

$$w = \frac{1}{2} \cdot \frac{Q}{C} \cdot \frac{Q}{A\,d}.$$

Es ist $Q/C = u = E\,d$ und $Q/A = D$, so daß sich schließlich

$$w = \frac{1}{2}\,E\,D = \frac{1}{2}\,\varepsilon_0\,E^2 = \frac{1}{2\,\varepsilon_0}\,D^2 \qquad (1.90)$$

ergibt.

In einem inhomogenen Feld, in dem $\boldsymbol{E}$ und $\boldsymbol{D}$ von Ort zu Ort nach Betrag und Richtung wechseln, bleibt die Beziehung (1.90) ebenfalls richtig. Sie gilt dann nur für ein kleines Raumelement mit dem Volumen $\Delta V$, das man sich als Quader vorstellen kann, d.h. von der Form eines idealisierten Plattenkondensators. In einem solchen kleinen Quader ist das Feld wieder angenähert homogen. $w$ ist dann ortsabhängig, und die gesamte Feldenergie wird durch Summierung der Energiebeiträge der einzelnen Volumenelemente erhalten. Da $\boldsymbol{E}$ und $\boldsymbol{D}$ in den von uns betrachteten Fällen immer gleiche Richtung haben, genügt es, auch im inhomogenen Feld die Beträge von $\boldsymbol{E}$ und $\boldsymbol{D}$ in Gleichung (1.90) einzusetzen. Der Ausdruck für die Energiedichte $w$ stimmt mit dem überein, den wir für den Druck $\sigma$ auf die das Feld begrenzenden Flächen erhalten haben. Wir werden in Abschnitt 1.10 sehen, daß dieses Ergebnis nicht zufällig ist.

Da die Arbeit als Produkt von Kraft und Länge definiert ist, sind der Druck als Kraft/Fläche und die Energiedichte als Arbeit/Volumen dimensionsgleich.

Das Ergebnis unseres oben angegebenen Zahlenbeispiels läßt sich also auch so interpretieren: In einem elektrischen Feld mit $E = 1\,\text{kV/mm}$ beträgt die Energiedichte 4,4 $\text{Ws/m}^3$.

Die Feldverhältnisse in einem kleinen Raumelement mit dem Volumen $\Delta V$ erlauben nun auch, die Energiedichte $w$ bei Änderungen der

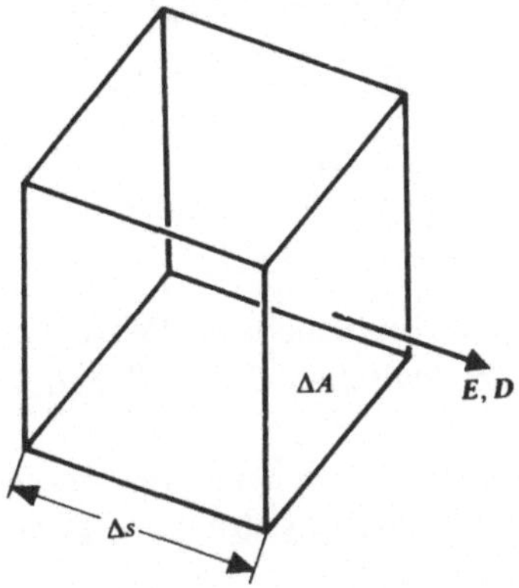


Abb. 1.34 Zur Berechnung der elektrischen Energiedichte

elektrischen Flußdichte $\boldsymbol{D}$ zu berechnen. Den Ausgangspunkt zu diesen Überlegungen bildet die Beziehung (1.88) für die Energie im Kondensator

$$W = \int_0^{Q_e} \frac{1}{C} Q \, \mathrm{d}Q,$$

die auch in der Form

$$W = \int_0^{Q_e} u \, \mathrm{d}Q$$

angegeben werden kann. Der kleine Quader soll in Abb. 1.34 so angenommen werden, daß seine Längenausdehnung $\Delta s$ parallel zur elektrischen Feldstärke $\boldsymbol{E}$ und die Fläche $\Delta A$ senkrecht zu ihr verläuft. Dann ist aber die am Quader mit dem Volumen $\Delta V = \Delta s \Delta A$ liegende Spannung

$$u = E \Delta s$$

und die Ladung

$$Q = D \Delta A,$$

also

$$\mathrm{d}Q = \mathrm{d}D \Delta A.$$

Wenn die Ladung $Q_e$ noch durch den Endwert der elektrischen Flußdichte ausgedrückt wird: $Q_e = D_e \Delta A$, ist die Energie innerhalb des Quaders

$$W = \int_0^{D_e} E \Delta s \Delta A \,\mathrm{d}D$$

$$W = \Delta V \int_0^{D_e} E \,\mathrm{d}D,$$

und die Energiedichte beträgt:

$$w = \frac{W}{\Delta V} = \int_0^{D_e} E \,\mathrm{d}D. \tag{1.91}$$

Hierbei kann $E$ zunächst in beliebiger Weise von $D$ abhängen. Bei linearem Zusammenhang zwischen $\boldsymbol{E}$ und $\boldsymbol{D}$ ergibt sich hieraus wieder die Beziehung (1.90).

Zum Schluß soll noch die Kraft berechnet werden, mit der sich zwei geladene gerade parallele Leitungsdrähte gegenseitig anziehen bzw. abstoßen.

Die elektrische Flußdichte in der Umgebung eines geraden Leiters der Länge $l$ ergibt sich im Abstand $d$ vom Leiter zu

$$D_1 = \frac{Q_1}{2\pi d l},$$

wenn die Leiterlänge $l$ als sehr groß gegenüber dem Abstand $d$ angenommen wird und die Ladung des gesamten Leiters gleich $Q_1$ ist.

Diese Flußdichte hat eine elektrische Feldstärke vom Betrage

$$E_1 = \frac{Q_1}{2\pi \varepsilon_0 d l}$$

zur Folge. Dann wirkt auf den im Abstand $d$ befindlichen zweiten Leiter, der insgesamt die Ladung $Q_2$ trägt, die Kraft

$$F_2 = Q_2 E_1 = \frac{Q_1 Q_2}{2\pi \varepsilon_0 d l}. \tag{1.92}$$

Die Kraft $F_1$ auf den Leiter mit der Ladung $Q_1$ hat natürlich den gleichen Betrag: $F_2 = F_1 = F$.

Die Leiter stoßen sich ab, wenn beide Leiter Ladungen gleichen Vorzeichens tragen, sie ziehen sich an, wenn ihre Ladungen verschiedene Vorzeichen haben. Die Gleichung (1.92) gilt wie Gleichung (1.77) nur dann genügend genau, wenn die Drähte als dünn gegenüber ihrem Abstand $d$ angenommen werden dürfen.

Zweckmäßigerweise wird nicht die Kraft auf die gesamte Leiterlänge berechnet, sondern die Kraft dividiert durch die Länge, für die sich dann ergibt:

$$F/l = \frac{1}{2\pi\varepsilon_0 d}\,\frac{Q_1 Q_2}{l^2}\,. \tag{1.93}$$

*Beispiel:* Es soll die Kraft berechnet werden, mit der sich die Seile einer Hochspannungsleitung gegenseitig anziehen. Hier sind die beiden Ladungen entgegengesetzt gleich: $Q_1 = -Q_2 = Q$. Bei der Hochspannungsleitung ist aber nicht die Ladung vorgegeben, sondern die Spannung zwischen den Leitern. Wir können also für die anziehende Kraft schreiben:

$$F/l = \frac{1}{2\pi\varepsilon_0 d}\,\frac{C^2 u^2}{l^2}\,. \tag{1.94}$$

Wird hier die Gleichung (1.77) für die Kapazität der Doppelleitung eingeführt, so wird

$$F/l = \frac{1}{2}\pi\varepsilon_0 u^2 \frac{1}{d\left[\ln\left(\frac{d}{r_0}\right)\right]^2}\,. \tag{1.95}$$

Zahlenbeispiel: Für eine Doppelleitung mit einem Leiterabstand $d = 4\,\mathrm{m}$ und einem Leiterradius $r_0 = 9\,\mathrm{mm}$ ergibt sich für $u = 110\,\mathrm{kV}$

$$\frac{F}{l} = \frac{1}{2}\cdot\pi\cdot 8{,}854\,\frac{\mathrm{pF}}{\mathrm{m}}\cdot(110)^2\,(\mathrm{kV})^2\,\frac{1}{4\,\mathrm{m}\cdot(\ln\frac{4000}{9})^2}$$

$$\frac{F}{l} = 1{,}13\cdot 10^{-3}\,\frac{\mathrm{N}}{\mathrm{m}}\,.$$

Bisher haben wir die zwischen geladenen Leitern wirkenden Kräfte mit Hilfe der elektrischen Feldstärke berechnet, im folgenden werden wir sie aus einer Energiebetrachtung herleiten. Tragen die beiden Leiter die entgegengesetzt gleichen Ladungen $\pm Q$ und haben sie die Kapazität $C$ gegeneinander, so ist die im elektrischen Feld gespeicherte Energie nach Gleichung (1.88) und (1.89) durch

$$W_{\mathrm{el}} = \frac{Q^2}{2C} = \frac{1}{2}Cu^2$$

gegeben. Wird einer der Leiter um eine Strecke $\Delta x$ bewegt, so ändert sich die Kapazität und damit auch die elektrische Feldenergie. Wenn die Ladung bei dieser Verschiebung konstant bleibt, ergibt sich die Änderung der elektrischen Feldenergie zu

$$\Delta W_{el} = \frac{\mathrm{d}W_{el}}{\mathrm{d}x}\Delta x = \frac{1}{2}Q^2\frac{\mathrm{d}}{\mathrm{d}x}\left(\frac{1}{C}\right)\cdot\Delta x = -\frac{Q^2}{2C^2}\cdot\frac{\mathrm{d}C}{\mathrm{d}x}\cdot\Delta x\,.$$

Andererseits erbringt eine auf die Leiter in Richtung der Verschiebung, also in $x$-Richtung, wirkende Kraft die mechanische Arbeit

$$\Delta W_{mech} = F_x \cdot \Delta x\,.$$

In einem abgeschlossenen System bleibt die Gesamtenergie konstant, also muß

$$\Delta W_{el} + \Delta W_{mech} = 0$$

gelten. Für die $x$-Komponente der Kraft ergibt sich dann

$$F_x = -\frac{\Delta W_{el}}{\Delta x}$$

$$F_x = \frac{Q^2}{2C^2}\cdot\frac{\mathrm{d}C}{\mathrm{d}x} = \frac{u^2}{2}\cdot\frac{\mathrm{d}C}{\mathrm{d}x}\,. \tag{1.95}$$

Beispiel: Für den Plattenkondensator gilt $C = \varepsilon A/x$, wenn wir hier den Plattenabstand mit $x$ bezeichnen. Gleichung (1.95) liefert dann mit $\mathrm{d}C/\mathrm{d}x = -\varepsilon A/x^2$ wieder das Ergebnis (1.84). Die Kraft wirkt einer Vergrößerung des Plattenabstands entgegen.

Bleibt bei der Verschiebung um $x$ die Spannung konstant, so muß die von der Spannungsquelle aufgebrachte Energieänderung mit in die Energiebilanz einbezogen werden. Man erhält dabei das gleiche Ergebnis (1.95), denn die Kraft hängt nur von der Ladung $Q$ bzw. der Spannung $u$ ab und nicht davon, auf welche Weise die Spannung aufrecht erhalten wird.

## *1.8 Das elektrostatische Feld in materiellen Körpern*

Bisher haben wir uns nur mit dem Zusammenhang zwischen Feldstärke und elektrischer Flußdichte im Vakuum beschäftigt und dafür die lineare Beziehung

$$\boldsymbol{D} = \varepsilon_0 \boldsymbol{E}$$

angegeben.

Jetzt wollen wir die Feldverhältnisse auch in materiellen Körpern untersuchen. Alle materiellen Körper sind aus geladenen Elementarteilchen aufgebaut, wobei dann im allgemeinen die positiven und negativen Ladungsträger in solcher Anzahl vorhanden sind, daß die Körper im ganzen ungeladen erscheinen.

Wir wollen am Metall Kupfer abschätzen, wieviel Ladung das ist. Jedes Kupfer-Atom trägt 29 Elementarladungen im Atomkern, die durch die Elektronen der Atomhülle kompensiert werden. Das Atomgewicht des Kupfers ist 63,5, so daß 63,5 kg Cu gerade $6{,}02 \cdot 10^{26}$ Cu-Atome enthalten (Loschmidtsche Zahl) oder 1 kg Cu ungefähr $10^{25}$ Cu-Atome, also ungefähr $29 \cdot 10^{25}$ Elementarladungen. Das sind aber wegen

$$e = 1{,}602 \cdot 10^{-19}\,\text{Coul}$$

$$29 \cdot 10^{25}\, e \approx 45 \cdot 10^{6}\,\text{Coul}\,.$$

Gegenüber den Ladungsmengen, die frei auftreten können, ist das außerordentlich viel.

In einem elektrischen Feld wirken nun auf diese Ladungen innerhalb des materiellen Körpers Kräfte ein. Dabei können wir zwischen zwei Arten von Körpern unterscheiden: bei den einen sind die Ladungsträger beweglich, so daß sie der auf sie wirkenden Kraft folgen können, man nennt sie L e i t e r. Bei den anderen werden die Ladungsträger gewissermaßen festgehalten und können sich nur aus einer Gleichgewichtslage verschieben. Man nennt solche Stoffe N i c h t l e i t e r. Nur mit diesen wollen wir uns jetzt befassen.

Wir betrachten einen elektrischen Nichtleiter, der im ganzen elektrisch ungeladen erscheint. Er ist mit vielen Ladungsträgern erfüllt, die sich entweder infolge des angelegten elektrischen Feldes, paarweise zusammengefaßt, wie Dipole verhalten oder auf Grund ihres Aufbaues, wie z. B. manche Moleküle, schon Dipole bilden. Normalerweise sind die Orientierungen der Dipole über alle möglichen Richtungen gleichmäßig verteilt, so daß der Körper kein äußeres elektrisches Feld erregt.

Das ändert sich, wenn man den Körper in ein elektrisches Feld bringt. Dann stellen sich die Dipole infolge des auf sie wirkenden Drehmomentes

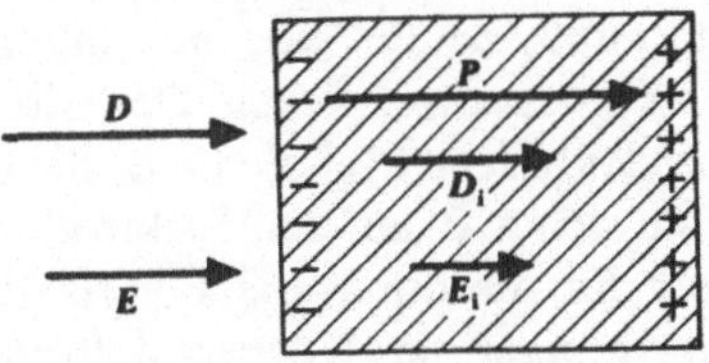


Abb. 1.35 Zur Berechnung des elektrischen Feldes in materiellen Körpern

in Feldrichtung. Da sich im Inneren des Körpers die Ladungen weiterhin gegenseitig aufheben, erscheinen nur die Oberflächen des Körpers auf gegenüberliegenden Seiten geladen, wie in Abb. 1.35 gezeigt. An diesen Oberflächenladungen endet ein Teil der äußeren Flußlinien, im Inneren des Körpers ist die Flußdichte also geringer als im Außenraum. Anders ausgedrückt: Die vom äußeren Feld verursachten Oberflächenladungen des Körpers rufen eine Gegenerregung oder Polarisation hervor, die man durch einen Vektor $\boldsymbol{P}$ kennzeichnet. Wie das Dipolmoment $\boldsymbol{p}$ ist der Vektor $\boldsymbol{P}$ von den negativen zu den positiven Polarisationsladungen gerichtet. Er bezeichnet die Summe aller Dipolmomente, dividiert durch das Volumen des Körpers und ist deshalb dimensionsgleich mit $\boldsymbol{D}$.

$$\boldsymbol{D} = \boldsymbol{D}_\mathrm{i} + \boldsymbol{P} \tag{1.96}$$

Die Polarisation $\boldsymbol{P}$ ist im einfachsten Fall proportional dem im I n n e r e n des Körpers herrschenden elektrischen Feld und ist damit proportional der im Inneren wirksamen Flußdichte $\boldsymbol{D}_\mathrm{i}$:

$$\boldsymbol{P} = \eta\, \boldsymbol{D}_\mathrm{i}. \tag{1.97}$$

Die Konstante $\eta$ ist positiv und wird e l e k t r i s c h e S u s z e p t i b i l i t ä t genannt. Mit dieser Beziehung ergibt die Gleichung (1.96) einen Zusammenhang zwischen äußerer und innerer Flußdichte

$$\boldsymbol{D} = \boldsymbol{D}_\mathrm{i} + \eta\, \boldsymbol{D}_\mathrm{i}$$

$$\boldsymbol{D} = (1+\eta)\boldsymbol{D}_i. \tag{1.98}$$

Im Inneren des Körpers ist $\boldsymbol{D}$ dem Betrage nach kleiner als außen $D > D_\mathrm{i}$, also ist auch die elektrische Feldstärke im Inneren des Körpers kleiner als im Äußeren. Denn abgesehen von den zur Vereinfachung als punktförmig angenommenen geladenen Teilchen ist auch das Innere des Körpers leer, weswegen dort

$$\boldsymbol{D}_\mathrm{i} = \varepsilon_0\, \boldsymbol{E}_\mathrm{i}$$

gilt.

Diese Betrachtungsweise, die an die physikalischen Vorgänge im Inneren des Körpers anknüpft, ist für eine nur makroskopische Behandlung des elektrischen Feldes zu verwickelt. Deshalb interessiert man sich im ganzen nur für die elektrische Flußdichte $\boldsymbol{D}$, die durch Ladungen hervorgerufen wird, wie sie sich z. B. auf den Elektroden eines Kondensators befinden, und nicht für die durch die Polarisation $\boldsymbol{P}$ geänderte Flußdichte $\boldsymbol{D}_\mathrm{i}$. Für die im Inneren des Körpers auftretenden Kräfte ist die dort vorhandene elektrische Feldstärke $\boldsymbol{E}_\mathrm{i}$ verantwortlich. Sie wird deshalb auch in den kommenden Betrachtungen verwendet. Man ersetzt deswegen die Wirkung der von dem äußeren Feld verursachten Polarisation einfach dadurch, daß man dem Inneren des Körpers eine von $\varepsilon_0$ abweichende Dielektrizitätskonstante $\varepsilon > \varepsilon_0$ zuordnet und die Polarisationsladungen ignoriert. An Stelle der Gleichung (1.98), die mit $\boldsymbol{D}_i = \varepsilon_0 \boldsymbol{E}_i$

$$\boldsymbol{D} = (1+\eta)\varepsilon_0 \boldsymbol{E}_i$$

lautet, setzt man im Inneren des Körpers einfach

$$\boldsymbol{D} = \varepsilon \boldsymbol{E}_{\mathrm{i}} \tag{1.99}$$

und erhält

$$\varepsilon = (1+\eta)\varepsilon_0 .$$

Damit sind formal die Polarisationsladungen beseitigt, und es gilt immer $\oint \boldsymbol{D} \cdot \mathrm{d}\boldsymbol{A} = Q$. Es gibt nur noch eine einheitliche Flußdichte $\boldsymbol{D}$, und überall gilt

$$\boldsymbol{D} = \varepsilon \boldsymbol{E} .$$

Im Inneren des Körpers ist hierbei $\varepsilon > \varepsilon_0$, im Äußeren $\varepsilon = \varepsilon_0$ einzusetzen. Bei dieser Darstellung des elektrischen Feldes gibt es keine durch eine Polarisation des Körpers hervorgerufenen Oberflächenladungen. Die Flußdichte $\boldsymbol{D}$ hängt nur von den frei beweglichen Ladungen ab, die Polarisationsladungen sind ja an den Nichtleiter gebunden.

Die so gewonnene Vorstellung einer an den Trennflächen sich sprunghaft ändernden Dielektrizitätskonstanten, die ja den tatsächlichen physikalischen Sachverhalt ignoriert, macht zunächst gedanklich gewisse Schwierigkeiten, sie ist jedoch für die makroskopische Beschreibung der Feldvorgänge, auf die es uns im allgemeinen hier allein ankommt, sehr vorteilhaft.

Oft wird das Verhältnis $\varepsilon/\varepsilon_0$ als relative Dielektrizitätskonstante $\varepsilon_r$ bezeichnet. Man setzt also

$$\varepsilon = \varepsilon_r \varepsilon_0 .$$

Diese Schreibart ist nicht sehr glücklich gewählt, weil hierbei dimensionsbehaftete Größen ($\varepsilon, \varepsilon_0$) und reine Zahlen ($\varepsilon_r$) mit gleichartigen Formelzeichen gekennzeichnet werden.

Für einige gebräuchliche Isolierstoffe seien die Werte $\varepsilon/\varepsilon_0$ angegeben:

| | | | |
|---|---|---|---|
| Glas: | $5 \div 15$ | Hartpapier: | $5 \div 7$ |
| Glimmer: | $7$ | Wasser: | $81$ |
| Phenoplaste: | $5 \div 7$ | Bariumtitanat: | $1000 \div 4000$ |
| Öl: | $2{,}2 \div 2{,}5$. | | |

Die Beziehung für die Energiedichte

$$w = \frac{1}{2}\, E\, D = \frac{1}{2}\, \varepsilon\, E^2 = \frac{1}{2\,\varepsilon}\, D^2$$

läßt nun eine Aussage über die Energiedichte in materiellen Körpern zu: Bei gleicher Flußdichte ist die Energiedichte geringer als im Vakuum, bei gleicher elektrischer Feldstärke dagegen größer.

Hierin liegt die Bedeutung der Isolierstoffe mit sehr großem $\varepsilon/\varepsilon_0$. Man kann mit ihnen Kondensatoren herstellen, die auf kleinem Raum große Energiemengen zu speichern gestatten.

## *1.9 Elektrische Feldstärke und Flußdichte an Grenzflächen*

Im letzten Abschnitt haben wir gesehen, wie sich die elektrischen Eigenschaften materieller, nicht leitender Körper beschreiben lassen. Jetzt soll untersucht werden, wie sich Feldstärke und Flußdichte an einer Grenzfläche zweier Medien mit verschiedenem $\varepsilon$ verhalten.

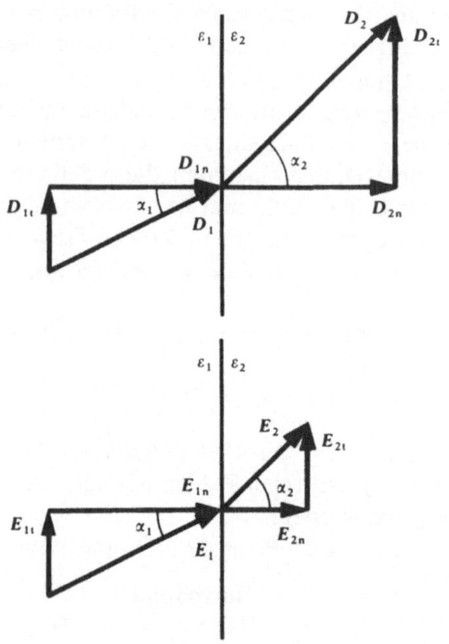


Abb. 1.36 Brechung der Fluß- und Feldlinien an einer Grenzfläche

Dabei müssen wir den allgemeinen Fall betrachten, daß die Grenzfläche beliebig schräg zur Richtung von $\boldsymbol{E}$ und $\boldsymbol{D}$ verläuft. Es stehen uns die Gleichungen zur Verfügung

$$\oint \boldsymbol{E} \cdot \mathrm{d}\boldsymbol{s} = 0,$$

gültig auf jedem beliebigen geschlossenen Weg, und

$$\oint \boldsymbol{D} \cdot \mathrm{d}\boldsymbol{A} = Q,$$

gültig für jede beliebige geschlossene Hülle.

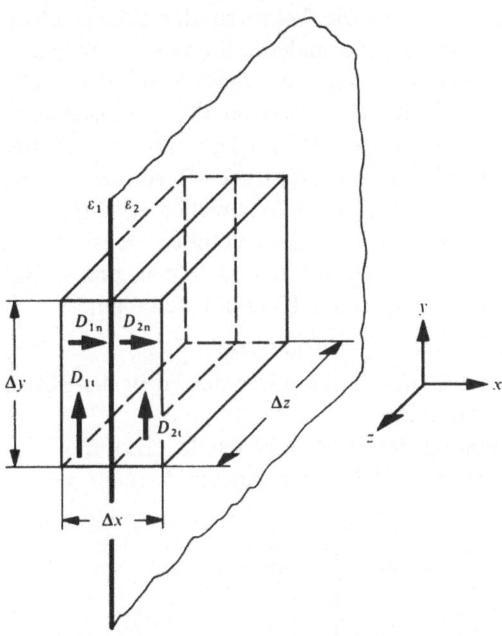


Abb. 1.37 Zur Berechnung des Verhaltens der elektrischen Flußdichte an einer Grenzfläche

Um diese beiden Gleichungen zur Untersuchung des elektrostatischen Feldes an einer Grenzfläche anwenden zu können, betrachten wir die Verhältnisse auf den Begrenzungsflächen eines kleinen Prismas mit der Grundfläche $\Delta y \Delta z$ und der Höhe $\Delta x$. Eine Grundfläche befinde sich in dem durch $\varepsilon_1$, die andere in dem durch $\varepsilon_2$ gekennzeichneten Stoff. Das Koordinatensystem legen wir so, daß die Grenzfläche in der Ebene $x = 0$ liegt und das Feld keine $z$-Komponente hat. (Abb. 1.37) $\boldsymbol{E}$ und $\boldsymbol{D}$ haben bei dieser Darstellung nur eine $y$-Komponente (tangential zur Trennfläche) und eine $x$-Komponente (senkrecht zur Trennfläche). Wir bezeichnen die tangential gerichtete Komponente $D_y$ im Medium 1 mit $D_{1t}$, im Medium 2 mit $D_{2t}$. Die normal gerichtete Komponente $D_x$ nennen wir im Medium 1 $D_{1n}$ und im Medium 2 $D_{2n}$. Wenn wir die Höhe $\Delta x$ des Prismas als beliebig klein und seine Grundfläche $\Delta y \Delta z$ als so klein ansehen, daß sich auf ihr $\boldsymbol{D}$ nicht merklich ändert, liefert die Auswertung des Hüllenintegrales

$$Q = \oint \boldsymbol{D} \cdot \mathrm{d}\boldsymbol{A} = \Delta y \Delta z D_{2n} - \Delta y \Delta z D_{1n}. \qquad (1.100)$$

Weil $\Delta x \to 0$ angenommen wurde, liefern die Seitenflächen des Prismas keinen Beitrag, und weil die Vektoren der Flächenelemente auf den beiden Grundflächen die Normalenrichtung der Grenzfläche haben und entgegengesetzt gerichtet sind, erscheinen auf der rechten Seite der Gleichung nur die Normalkomponenten der elektrischen Flußdichte und zwar mit entgegengesetzten Vorzeichen. Die im Prisma befindliche Gesamtladung $Q$ wird im Grenzfall $\Delta x \to 0$ von den auf der Grenfläche vorhandenen Ladungen gebildet. Wir wollen annehmen, daß zusätzlich zu den bereits durch $\varepsilon_1 \neq \varepsilon_2$ berücksichtigten Oberflächenladungen sich keine Ladungen auf der Grenzfläche befinden, und müssen deshalb in Gleichung (1.100) $Q = 0$ setzen. Es ergibt sich dann

$$D_{1n} = D_{2n}, \qquad (1.101)$$

die Flußlinien gehen durch eine Grenzfläche in der Normalenrichtung ohne Änderung hindurch.

Das Linienintegral der elektrischen Feldstärke muß bei der Integration über den in Abb. 1.38 gezeichneten Umlauf verschwinden. Das

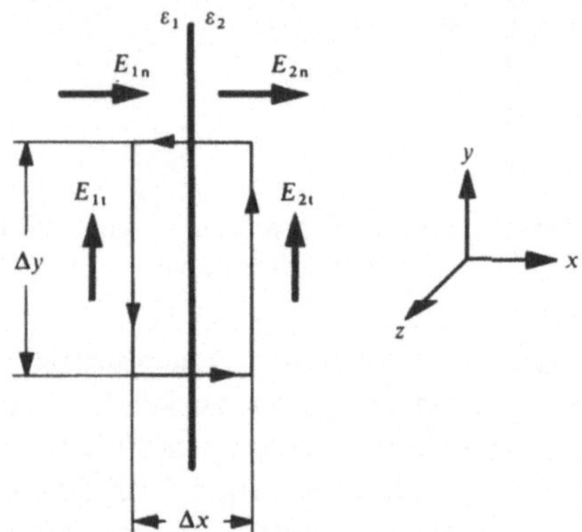


Abb. 1.38 Zur Berechnung des Verhaltens der elektrischen Feldstärke an einer Grenzfläche

Koordinatensystem wird wieder so zur Richtung des elektrischen Feldes und zur Grenzfläche orientiert, daß die Grenzfläche in der Ebene $x = 0$

liegt, und die $z$-Komponente des elektrischen Feldes verschwindet, so daß $\boldsymbol{E}$ in eine $y$-Komponente parallel (tangential) zur Trennfläche und eine $x$-Komponente senkrecht (normal) zur Trennfläche zerlegt werden kann. Wir bezeichnen die Tangentialkomponente $E_y$ im Medium 1 mit $E_{1t}$, im Medium 2 mit $E_{2t}$, die Normalkomponente $E_x$ im Medium 1 mit $E_{1n}$ und im Medium 2 mit $E_{2n}$. Wenn wir $\Delta x \to 0$ gehen lassen, ergeben die beiden waagerechten Stücke keinen Beitrag, und wenn wir $\Delta y$ so klein wählen, daß sich $\boldsymbol{E}$ entlang $\Delta y$ nicht merklich ändert, ergibt sich einfach

$$0 = \oint \boldsymbol{E} \cdot \mathrm{d}\boldsymbol{s} = E_{2t}\Delta y - E_{1t}\Delta y, \tag{1.102}$$

wenn der Rand im angegebenen Sinn durchlaufen wird.

Es folgt aus Gleichung (1.102)

$$E_{1t} = E_{2t}, \tag{1.103}$$

die elektrische Feldstärke ändert sich in der Tangentialrichtung beim Durchgang durch eine Grenzfläche nicht. Die Beziehung (1.103) können wir wegen $\boldsymbol{D}_1 = \varepsilon_1 \cdot \boldsymbol{E}_1$ und $\boldsymbol{D}_2 = \varepsilon_2 \cdot \boldsymbol{E}_2$ auch in der Form

$$\frac{D_{1t}}{D_{2t}} = \frac{\varepsilon_1 E_{1t}}{\varepsilon_2 E_{2t}} = \frac{\varepsilon_1}{\varepsilon_2}$$

schreiben, und mit Gleichung (1.101) und den Bezeichnungen aus Abb. 1.36 erhalten wir

$$\frac{D_{1t}/D_{1n}}{D_{2t}/D_{2n}} = \frac{\tan \alpha_1}{\tan \alpha_2} = \frac{\varepsilon_1}{\varepsilon_2}. \tag{1.104}$$

Im dichteren Medium werden die Feldlinien von der Normalenrichtung weg gebrochen (Abb. 1.36). Man nennt deshalb Gleichung (1.104) auch das Brechungsgesetz für die elektrischen Feldlinien. Wenn $\varepsilon_1 \gg \varepsilon_2$ ist, wird $D_{1t} \gg D_{2t}$, d. h. aus Stoffen mit großem $\varepsilon$ treten die Feldlinien nahezu senkrecht aus. Das gilt insbesondere auch für die hier noch nicht behandelten elektrisch leitenden Medien, die man in der Elektrostatik deshalb als Grenzfall von Nichtleitern mit $\varepsilon/\varepsilon_0 \to \infty$ auffassen kann.

## *1.10 Kräfte an Grenzflächen*

Im Abschnitt 1.5 haben wir die auf Dipole im elektrischen Feld wirkenden Kräfte berechnet. Dielektrische Materialien enthalten in ihrem Inneren eine große Menge solcher Dipole. Die Kraft auf einen dielektrischen Körper ist die Summe der auf die einzelnen Dipole wirkenden Kräfte. Ihre Berechnung wäre sehr mühsam. Sie vereinfacht sich aber sehr, wenn man Energiebetrachtungen zu Hilfe nimmt. Man berechnet die Änderung der elektrischen Feldenergie, wenn die Trennfläche zwischen zwei Medien mit verschiedenen Dielektrizitätskonstanten um ein kleines Stück verschoben wird. Sofern hierbei keine anderen Energieformen, z.B. Wärme, entstehen, kann diese Energiedifferenz der mechanischen Arbeit gleichgesetzt werden, die von einer bei der Verschiebung auf die Grenzflächen wirkenden Kraft aufgebracht wird (Prinzip der virtuellen Verrückung). Die irgendwo in dem als starr angenommenen Körper angreifenden Kräfte werden also formal an den Grenzflächen lokalisiert.

Wir wollen hier in dieser Weise vorgehen und betrachten dazu ein kleines Flächenstück $\Delta y \Delta z$ der Grenzfläche und berechnen die auf dieses Flächenstück wirkende Kraft, indem wir die Änderung der Feldenergie bei einer Verschiebung der Grenzfläche um ein kleines Stück $\Delta x$ ausrechnen.

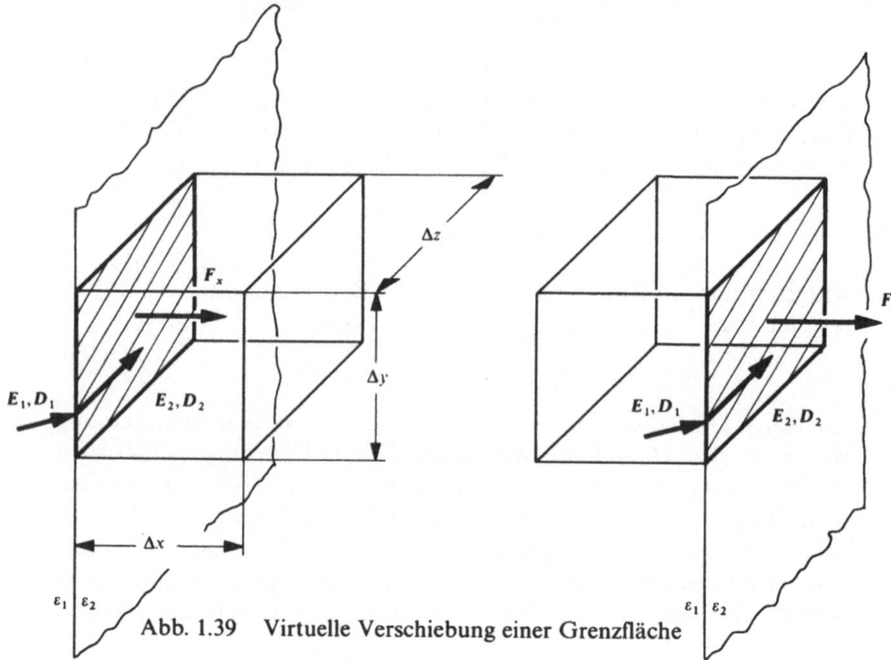


Abb. 1.39 Virtuelle Verschiebung einer Grenzfläche

Wir bilden die Energiebilanz für den kleinen bei der Verschiebung gebildeten Quader mit dem Volumen

$$\Delta V = \Delta x \Delta y \Delta z ,$$

wie er in Abb. 1.39 dargestellt ist.

Ehe die Grenzfläche um $\Delta x$ nach rechts verschoben wird, befindet sich der Quader im Medium 2, danach im Medium 1. Die Feldgrößen im linken Medium bezeichnen wir mit $\boldsymbol{E}_1$ und $\boldsymbol{D}_1$, die im rechten Medium mit $\boldsymbol{E}_2$ und $\boldsymbol{D}_2$. Wir zerlegen jede Feldgröße in zwei zueinander senkrechte Komponenten: eine Komponente senkrecht zur Grenzfläche (Normalkomponente) und eine Komponente parallel zur Grenzfläche (Tangentialkomponente):

$$\boldsymbol{E}_1 = \boldsymbol{E}_{1n} + \boldsymbol{E}_{1t}; \quad \boldsymbol{D}_1 = \boldsymbol{D}_{1n} + \boldsymbol{D}_{1t}; \tag{1.105}$$

$$\boldsymbol{E}_2 = \boldsymbol{E}_{2n} + \boldsymbol{E}_{2t}; \quad \boldsymbol{D}_2 = \boldsymbol{D}_{2n} + \boldsymbol{D}_{2t}. \tag{1.106}$$

Bei der Verschiebung der Grenzfläche um $\Delta x$ müssen im Quader $\boldsymbol{E}_2$ auf den Wert $\boldsymbol{E}_1$ und $\boldsymbol{D}_2$ auf den Wert $\boldsymbol{D}_1$ gebracht werden. Im Abschnitt 1.7 haben wir berechnet, daß zur Veränderung des durch $\boldsymbol{E}_2$ und $\boldsymbol{D}_2$ beschriebenen Feldes in das durch $\boldsymbol{E}_1$ und $\boldsymbol{D}_1$ dargestellte Feld gemäß der Gleichung (1.91) die Energiedichte um

$$\Delta w_{\text{ges}} = \int_{D_2}^{D_1} E \, \mathrm{d}D \tag{1.107}$$

zunimmt, dem gesamten Quader demnach die Energie

$$\Delta W_{\text{ges}} = \Delta w_{\text{ges}} \Delta x \Delta y \Delta z$$

zugeführt werden muß. Wenn keine Reibung vorhanden ist, muß gelten

$$\Delta W_{\text{ges}} = \Delta W_{\text{mech}} + \Delta W_{\text{el}}; \tag{1.108}$$

hierin bezeichnet $\Delta W_{\text{mech}}$ die bei der Verschiebung als mechanische Arbeit abgegebene Energie und $\Delta W_{\text{el}}$ die Zunahme der im Quader vorhandenen elektrischen Energie. Die mechanische Energie bei der Verschiebung der Trennfläche in $x$-Richtung kann nur durch eine in dieser Richtung wirkende Kraft $F_x$ aufgebracht werden. Es muß also gelten

$$\Delta W_{\text{mech}} = F_x \Delta x$$

und mit Gleichung (1.108)

$$F_x \Delta x = \Delta W_{\text{ges}} - \Delta W_{\text{el}}.$$

Um unabhängig von der Größe des gewählten Quaders zu werden, dividieren wir die Kraft durch die Fläche $\Delta y \Delta z$ und erhalten so als Druck auf die Grenzfläche

$$\sigma = \frac{F_x}{\Delta y \Delta z}$$

$$\sigma = \Delta w_{\text{ges}} - \Delta w_{\text{el}}, \tag{1.109}$$

wobei wir als Änderung der elektrischen Energiedichte

$$\Delta w_{\text{el}} = \frac{\Delta W_{\text{el}}}{\Delta x \Delta y \Delta z} \tag{1.110}$$

eingesetzt haben. Wir werden nun die beiden Energiedichtedifferenzen auf der rechten Seite der Gleichung (1.110) berechnen und beginnen mit dem zweiten Summanden

$$\Delta w_{el} = w_1 - w_2 .$$

Die Energiedichte vor der Verschiebung ist im Quader gemäß der Gleichung (1.90)

$$w_2 = \tfrac{1}{2} E_2 D_2 ,$$

wenn man einen linearen Zusammenhang zwischen $E_2$ und $D_2$ voraussetzt. Da in den von uns betrachteten Fällen die Vektoren der elektrischen Feldstärke und der elektrischen Flußdichte wegen Gleichung (1.33) immer gleichgerichtet sind, gilt

$$w_2 = \tfrac{1}{2} E_2 D_2 = \tfrac{1}{2} \boldsymbol{E}_2 \cdot \boldsymbol{D}_2 . \qquad (1.111)$$

Zerlegt man in dieser Gleichung $\boldsymbol{E}_2$ und $\boldsymbol{D}_2$ nach Gleichung (1.106) in ihre Komponenten in $x$- und $y$-Richtung, d.h. in Tangential- und Normalkomponenten, so ergibt sich

$$\begin{aligned} w_2 &= \tfrac{1}{2} \boldsymbol{E}_2 \cdot \boldsymbol{D}_2 = \tfrac{1}{2} (\boldsymbol{E}_{2t} + \boldsymbol{E}_{2n}) \cdot (\boldsymbol{D}_{2t} + \boldsymbol{D}_{2n}) \\ &= \tfrac{1}{2} (\boldsymbol{E}_{2t} \cdot \boldsymbol{D}_{2t} + \boldsymbol{E}_{2n} \cdot \boldsymbol{D}_{2n} + \boldsymbol{E}_{2t} \cdot \boldsymbol{D}_{2n} + \boldsymbol{E}_{2n} \cdot \boldsymbol{D}_{2t}) . \end{aligned}$$

Hierin verschwinden die beiden Skalarprodukte zueinander senkrecht stehender Vektoren,

$$\boldsymbol{E}_{2t} \cdot \boldsymbol{D}_{2n} = 0, \qquad \boldsymbol{E}_{2n} \cdot \boldsymbol{D}_{2t} = 0, \qquad (1.112)$$

es wird also einfach

$$w_2 = \tfrac{1}{2} (\boldsymbol{E}_{2t} \cdot \boldsymbol{D}_{2t} + \boldsymbol{E}_{2n} \cdot \boldsymbol{D}_{2n}) .$$

Außerdem kann man die beiden Skalarprodukte gleich gerichteter Vektoren durch die Produkte ihrer Koordinaten ersetzen und schreiben

$$w_2 = \tfrac{1}{2} (E_{2t} D_{2t} + E_{2n} D_{2n}) .$$

Für die Energiedichte im Medium 1 gilt dann analog

$$w_1 = \tfrac{1}{2} (E_{1t} D_{1t} + E_{1n} D_{1n}) .$$

Die Dichte der elektrischen Energie hat bei der Verschiebung also um

$$\begin{aligned} \Delta w_{el} &= w_1 - w_2 \\ \Delta w_{el} &= \tfrac{1}{2} (E_{1t} D_{1t} + E_{1n} D_{1n} - E_{2t} D_{2t} - E_{2n} D_{2n}) \end{aligned} \qquad (1.113)$$

zugenommen. Da die Tangentialkomponente der Feldstärke an der Grenzfläche stetig ist, $E_{1t} = E_{2t} = E_t$, und ebenso die Normalkomponente der Flußdichte, $D_{1n} = D_{2n} = D_n$, vereinfacht sich Gleichung (1.113) zu

$$\Delta w_{el} = \tfrac{1}{2} [E_t (D_{1t} - D_{2t}) + D_n (E_{1n} - E_{2n})] . \qquad (1.114)$$

Nun bleibt noch das Integral (1.107) auszuwerten. Da die Vektoren der elektrischen Feldstärke und der Flußdichte gleich gerichtet sind, läßt sich das Integral (1.107) in der Form

$$\Delta w_{\text{ges}} = \int_{\boldsymbol{D}_2}^{\boldsymbol{D}_1} \boldsymbol{E} \cdot \mathrm{d}\boldsymbol{D}$$

schreiben. Zerlegt man hier $\boldsymbol{E}$ und $\mathrm{d}\boldsymbol{D}$ in ihre Tangential- und Normalkomponente und beachtet die Gleichungen (1.112), so wird

$$\Delta w_{\text{ges}} = \int_{D_{2\text{t}}}^{D_{1\text{t}}} E_\text{t} \mathrm{d}D_\text{t} + \int_{D_{2\text{n}}}^{D_{1\text{n}}} E_\text{n} \mathrm{d}D_\text{n} .$$

Das zweite Integral liefert keinen Beitrag, weil $D_{2\text{n}} = D_{1\text{n}}$ ist. Im ersten Integral ist $E_\text{t}$ konstant und kann vor das Integral gezogen werden:

$$\Delta w_{\text{ges}} = E_\text{t} \int_{D_{2\text{t}}}^{D_{1\text{t}}} \mathrm{d}D_\text{t} .$$

Es wird also

$$\Delta w_{\text{ges}} = E_\text{t}(D_{1\text{t}} - D_{2\text{t}}). \qquad (1.115)$$

Setzt man nun die Ergebnisse (1.114) und (1.115) in Gleichung (1.109) ein, so erhält man schließlich für den Druck auf die Grenzfläche

$$\sigma = \tfrac{1}{2}(E_\text{t} D_{1\text{t}} - E_\text{t} D_{2\text{t}} + D_\text{n} E_{2\text{n}} - D_\text{n} E_{1\text{n}}).$$

Wegen

$$D_{1\text{t}} = \varepsilon_1 E_\text{t}, \qquad D_{2\text{t}} = \varepsilon_2 E_\text{t}$$

und

$$D_\text{n} = \varepsilon_1 E_{1\text{n}} = \varepsilon_2 E_{2\text{n}}$$

kann dieses Ergebnis auch in der Form

$$\sigma = \frac{1}{2}\left(\frac{1}{\varepsilon_2} - \frac{1}{\varepsilon_1}\right)(D_\text{n}^2 + D_{1\text{t}} D_{2\text{t}})$$

oder

$$\sigma = \tfrac{1}{2}(\varepsilon_1 - \varepsilon_2)(E_{1\text{n}} E_{2\text{n}} + E_\text{t}^2) \qquad (1.116)$$

geschrieben werden. Mit

$$\boldsymbol{E}_1 \cdot \boldsymbol{E}_2 = (\boldsymbol{E}_{1\text{n}} + \boldsymbol{E}_{1\text{t}}) \cdot (\boldsymbol{E}_{2\text{n}} + \boldsymbol{E}_{2\text{t}}) = \boldsymbol{E}_{1\text{n}} \cdot \boldsymbol{E}_{2\text{n}} + \boldsymbol{E}_{1\text{t}} \cdot \boldsymbol{E}_{2\text{t}}$$

$$\boldsymbol{E}_1 \cdot \boldsymbol{E}_2 = E_{1\text{n}} E_{2\text{n}} + E_{1\text{t}} E_{2\text{t}} = E_{1\text{n}} E_{2\text{n}} + E_\text{t}^2$$

erhält man aus Gleichung (1.116) eine Formel, die man sich noch leichter einprägen kann:

$$\sigma = \tfrac{1}{2}(\varepsilon_1 - \varepsilon_2)\boldsymbol{E}_1 \cdot \boldsymbol{E}_2 . \qquad (1.117)$$

Den Druck auf die Grenzfläche hatten wir nach Abb. 1.39 positiv gezählt, wenn die Kraft vom Medium 1 zum Medium 2 gerichtet ist. Der Druck wird nach Gleichung (1.116) positiv, wenn $\varepsilon_1 > \varepsilon_2$ ist. Die Kraft auf die Grenzfläche ist demnach immer so gerichtet, daß sich das Medium mit der größeren Dielektrizitätskonstante auszudehnen sucht.

Eine Tangentialkomponente der Kraft tritt an einer Grenzfläche nicht auf, denn bei einer Verschiebung der Grenzfläche in tangentialer Richtung treten keine Änderungen der Energieverhältnisse an der Grenzfläche auf.

Wir betrachten jetzt die beiden Sonderfälle eines senkrecht zur Grenzfläche und eines parallel zur Grenzfläche verlaufenden Feldes.

a) *Grenzfläche senkrecht zur Feldrichtung*

In Gleichung (1.116) wird $E_t = 0$, also

$$\begin{aligned} \sigma &= \tfrac{1}{2}(\varepsilon_1 - \varepsilon_2) E_{1n} E_{2n}, \\ \sigma &= \tfrac{1}{2} D_{2n} E_{2n} - \tfrac{1}{2} D_{1n} E_{1n}. \end{aligned} \tag{1.118}$$

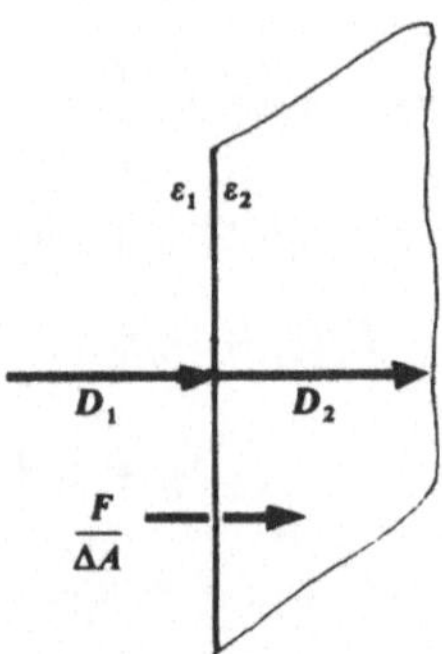


Abb. 1.40 Zur Berechnung des Druckes auf eine Grenzfläche bei elektrischem Feld senkrecht zur Grenzfläche

Diese Formel beschreibt auch den Druck auf die Platten eines Kondensators. In einem Plattenkondensator steht die elektrische Feldstärke auf den Elektroden senkrecht, in den Metallplatten verschwindet die elektrische Feldstärke. Stellt das Medium 1 die Elektrode des Kondensators dar und das Medium 2 das im Kondensator befindliche Dielektrikum, so gilt

$$E_{1n} = 0, \quad D_{1n} = 0$$
$$E_{2n} = E_2, \quad D_{2n} = D_2$$

und

$$\sigma = \tfrac{1}{2} D_2 E_2,$$

und $\sigma$ ist ins Innere des Dielektrikums gerichtet.

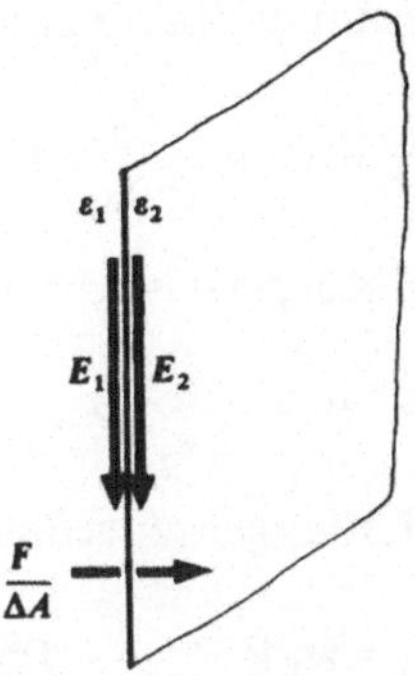


Abb. 1.41 Zur Berechnung des Druckes auf eine Grenzfläche bei elektrischem Feld parallel zur Grenzfläche

b) *Grenzfläche parallel zur Feldrichtung*

In Gleichung (1.116) wird $E_{1n} = 0$ und $E_{2n} = 0$, also

$$\sigma = \tfrac{1}{2}(\varepsilon_1 - \varepsilon_2) E_t^2,$$

$$\sigma = \tfrac{1}{2} D_{1t} E_{1t} - \tfrac{1}{2} D_{2t} E_{2t}. \tag{1.119}$$

In beiden Fällen ist der Druck auf die Grenzfläche gleich der Differenz der Energiedichten $w_1$ und $w_2$, nur gilt im ersten Fall

$$\sigma = w_2 - w_1,$$

im zweiten dagegen

$$\sigma = w_1 - w_2.$$

Zum Schluß machen wir folgendes Gedankenexperiment: In einen auf die Ladung $Q$ aufgeladenen Plattenkondensator, bei dem der Raum zwischen den Platten mit Luft ausgefüllt ist, bringen wir einen isolierenden Körper, der gerade den Raum zwischen den Platten ausfüllt.

Vor dem Einbringen des Körpers war die Energiedichte im Kondensator

$$w_0 = \frac{1}{2\,\varepsilon_0} D^2.$$

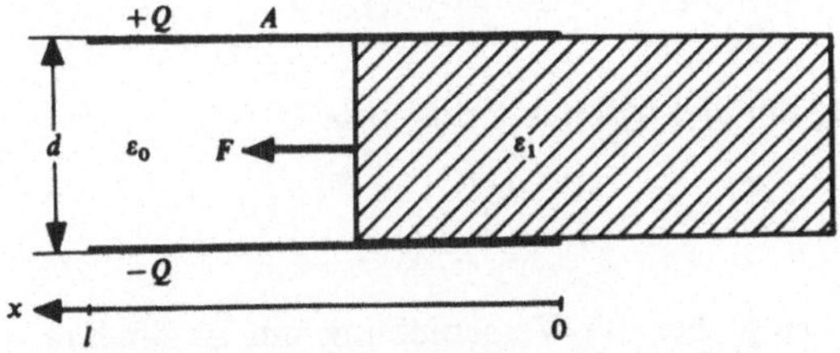

Abb. 1.42 Zur Berechnung der mechanischen Energie bei Änderung des Dielektrikums im Plattenkondensator

Da die Energiedichte im gesamten Raum zwischen den Platten konstant ist, ist die Gesamtenergie

$$W_0 = w_0 V = \frac{1}{2\varepsilon_0} D^2 V. \tag{1.120}$$

Nach dem Einbringen des Körpers ist die Energiedichte im Kondensator

$$w_1 = \frac{1}{2\,\varepsilon_1} D^2,$$

da wir den Platten keine Ladungen zugeführt haben. Also ist die Gesamtenergie

$$W_1 = w_1 V = \frac{1}{2\,\varepsilon_1} D^2 V. \tag{1.121}$$

Die Energie des Kondensators hat sich durch das Einbringen des Dielektrikums geändert und ist wegen $\varepsilon_1/\varepsilon_0 > 1$ kleiner geworden.

Beim Einbringen des dielektrischen Körpers muß daher elektrische in mechanische Energie umgesetzt werden. Anschaulich können wir uns vorstellen, daß in der Nähe der Plattenränder, wo das elektrische Feld nach außen schwächer wird, die Dipole des Körpers in den Raum zwischen den Platten hineingezogen werden. Rechnerisch bestimmen wir mit Gleichung (1.119) die Kraft, die auf die seitliche Begrenzungsfläche durch das dort tangentiale elektrische Feld entsteht.

Bei rechteckigen Kondensatorplatten mit der Fläche $A$ hat die Kraft den Betrag

$$F = \frac{Ad}{2l}(D_1 E_1 - D_0 E_0)$$

$$F = \frac{Ad}{2l}(\varepsilon_1 - \varepsilon_0) E^2. \tag{1.122}$$

$E$ ist dabei der Betrag der elektrischen Feldstärke im Kondensator, er ist von der Eindringtiefe $x$ des Dielektrikums in den Kondensator abhängig (Abb. 1.42). Bei idealisiertem Feldlinienverlauf ergibt sich die Kapazität des Kondensators bei der Eindringtiefe $x$:

$$C = \frac{Q}{u} = \frac{\varepsilon_0}{d}(l-x)\frac{A}{l} + \frac{\varepsilon_1}{d} x \frac{A}{l} \tag{1.123}$$

und der Betrag der elektrischen Feldstärke

$$E = \frac{u}{d} = \frac{Ql}{A} \frac{1}{x(\varepsilon_1 - \varepsilon_0) + \varepsilon_0 l}. \tag{1.124}$$

Die Kraft $F$ bringt bei der Verschiebung um $\Delta x$ in Kraftrichtung die Arbeit

$$\Delta W_{\mathrm{mech}} = F \Delta x$$

auf, und dies ergibt beim Einbringen auf die Länge $l$ die Arbeit

$$W_{\text{mech}} = \int_0^l F\,\mathrm{d}x$$

$$W_{\text{mech}} = \frac{Ad}{2l}(\varepsilon_1 - \varepsilon_0)\int_0^l \frac{Q^2 l^2}{A^2}\,\frac{1}{(x(\varepsilon_1-\varepsilon_0)+\varepsilon_0 l)^2}\,\mathrm{d}x$$

$$W_{\text{mech}} = \frac{dlQ^2}{2A}\,\frac{-1}{x(\varepsilon_1-\varepsilon_0)+\varepsilon_0 l}\bigg|_0^l$$

$$W_{\text{mech}} = \frac{dlQ^2}{2A}\left(\frac{1}{\varepsilon_0 l} - \frac{1}{\varepsilon_1 l}\right)$$

$$W_{\text{mech}} = \frac{1}{2}VD^2\left(\frac{1}{\varepsilon_0} - \frac{1}{\varepsilon_1}\right). \tag{1.125}$$

Dies ist aber gerade der Energiebetrag, um den die Gesamtenergie des Kondensators nach dem Einbringen des Dielektrikums kleiner ist als vorher.

Mit Gleichung (1.120), (1.121) und (1.125) gilt nämlich

$$W_0 = W_1 + W_{\text{mech}}\,.$$

## 1.11 Influenz

Bisher haben wir die Verhältnisse beim Einbringen nichtleitender materieller Körper – Isolatoren – in elektrische Felder untersucht. Bei diesen Körpern werden die im Inneren vorhandenen elektrischen Ladungen durch ein elektrisches Feld nur aus einer Ruhelage herausgebracht, sie sind aber nicht im Körper frei beweglich.

Wir wissen aber, daß es noch andere Körper gibt, in denen die Ladungen mehr oder weniger frei beweglich sind. Wir nennen solche Körper, zu denen insbesondere die Metalle gehören, Leiter. Bringt man einen leitenden Körper in ein elektrisches Feld, so bewegen sich die Ladungen so lange, bis das von ihnen verursachte elektrische Feld dem äußeren Feld gerade das Gleichgewicht hält, das Innere also feldfrei ist. Der von der Ladungsbewegung hervorgerufene Vorgang der Ladungstrennung auf dem Leiter wird Influenz genannt. Ein Beispiel eines Influenzvorganges begegnete uns bei der Berechnung des elektrischen Feldes einer Doppelleitung. Unter dem Einfluß der Gegenladung verschoben sich auf den beiden Leitern die Ladungen so, daß das endgültige elektrische Feld anders aussah als bei gleichmäßig verteilten Ladungen auf den beiden Leitern. Hier wollen wir die Influenz in einem zweiten Beispiel untersuchen. In Abb. 1.43 ist ein Plattenkondensator dargestellt, der die Ladung $\pm Q$ trägt. Bringt man in das elektrische Feld zwischen beiden Platten zwei sich berührende, ungeladene Metallscheibchen, so daß die Fläche der Scheibchen senkrecht zum ursprünglichen Feld verläuft (Abb. 1.43), so werden die Ladungen in den Scheibchen getrennt. Es sammeln sich auf der Oberfläche Influenzladungen $Q'$ an, bis die Scheibchen

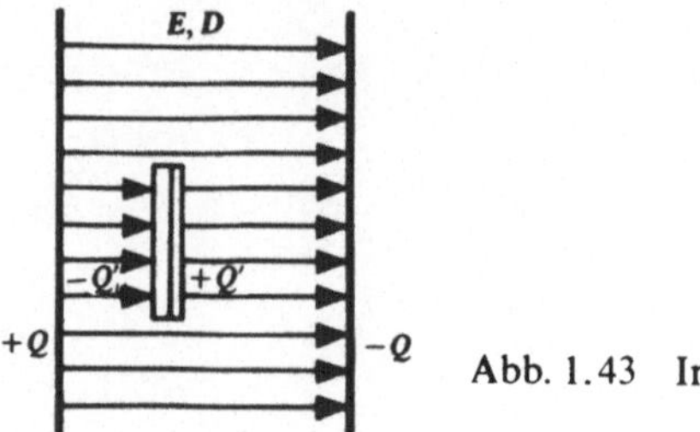

Abb. 1.43 Influenzierte Ladungen

im Inneren feldfrei sind. Trennt man die beiden Scheibchen und entfernt sie dann aus dem Kondensator, so stellt man zwischen den Scheibchen ein elektrisches Feld fest, das dem im Kondensator entgegengerichtet ist. Den feldfreien Raum innerhalb der Scheibchen können wir uns daher durch Überlagerung des ursprünglichen Feldes mit dem durch die Influenzladungen $Q'$ hervorgerufenen entstanden denken. Die elektrische Erregung der Influenzladungen hat den gleichen Betrag wie die im Plattenkondensator

$$D' = D = \frac{Q'}{A'}, \tag{1.126}$$

hat aber die umgekehrte Richtung. $A'$ ist dabei die Fläche der Metallscheibchen.

Der eben beschriebene Versuch kann deshalb zur Bestimmung der elektrischen Erregung $\boldsymbol{D}$ an einer beliebigen Stelle eines elektrischen Feldes benutzt werden.

Die Tatsache, daß ein aus leitendem Material bestehender Käfig (Faraday-Käfig) ein äußeres elektrisches Feld durch die auf der Oberfläche verteilten Influenzladungen völlig abschirmt, wird in der Technik vielfach genutzt.

# 2. BEWEGLICHE LADUNGEN IM ELEKTRISCHEN FELD

## *2.1 Die Bewegung einer Einzelladung im elektrischen Feld*

Im Abschnitt 1.1 haben wir untersucht, welche Kräfte vom elektrischen Feld auf Probeladungen ausgeübt werden und welche Energie vom Feld aufgenommen bzw. abgegeben wird, wenn ein solcher Probekörper im Feld verschoben wird.

Wir wollen jetzt ermitteln, wie sich ein Probekörper mit der Ladung $Q$ und der Masse $m$ im elektrischen Feld verhält, wenn er sich frei bewegen und den auf ihn ausgeübten Kräften nachgeben kann.

Das elektrische Feld, in dem sich der Probekörper befindet, sei homogen, habe also überall die gleiche Stärke und Richtung, es werde z.B. durch einen Plattenkondensator erzeugt.

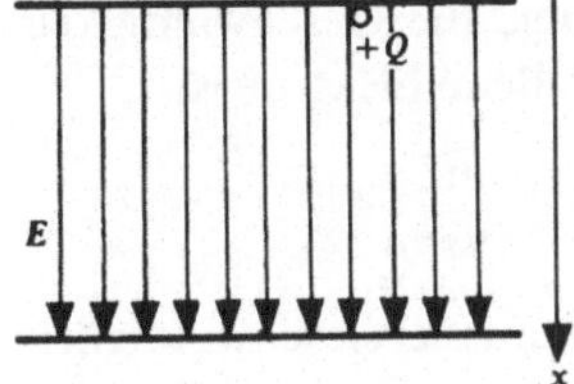


Abb. 2.1 Einzelladung im elektrischen Feld eines Plattenkondensators

Hat die elektrische Feldstärke $\boldsymbol{E}$ nur eine in $x$-Richtung wirkende Komponente $E_x$, so wird auf den geladenen Körper die Kraft

$$F_x = Q E_x \tag{2.1}$$

ausgeübt. Diese Kraft erzeugt die konstante Beschleunigung

$$b_x = \frac{F_x}{m} = \frac{Q}{m} E_x. \tag{2.2}$$

Befindet sich der Körper im Zeitpunkt $t = 0$ in Ruhe, so erreicht er nach der Zeit $t$ die Geschwindigkeit $v_x$:

$$v_x = b_x t = \frac{Q}{m} E_x t. \tag{2.3}$$

In der Zeit $t$ wird die Strecke $x$ zurückgelegt:

$$x = \frac{1}{2} b_x t^2 = \frac{1}{2} \frac{Q}{m} E_x t^2. \qquad (2.4)$$

Die gefundenen Beziehungen sind in voller Übereinstimmung mit den Bewegungsgleichungen für einen Körper, der sich in einem Gravitationsfeld mit der konstanten Beschleunigung entsprechend Gleichung (2.2) bewegt.

Durchläuft der Probekörper im elektrischen Feld die Spannung $u$, so entnimmt er dem Feld die Energie

$$W = Qu. \qquad (2.5)$$

Die Energie wird bei der Bewegung in kinetische Energie umgesetzt.

$$W_{\mathrm{kin}} = \tfrac{1}{2} m v^2 = Qu. \qquad (2.6)$$

Daraus ergibt sich die Geschwindigkeit, die ein zunächst ruhender Körper nach Durchlaufen einer Spannung $u$ erreicht:

$$v = \sqrt{2u \frac{Q}{m}}. \qquad (2.7)$$

Diese einfachen Beziehungen gelten nur, solange die Geschwindigkeit klein gegenüber der Lichtgeschwindigkeit bleibt. Beim Elektron ist

$$\frac{Q}{m} = 1{,}76 \cdot 10^{11} \, \frac{\mathrm{As}}{\mathrm{kg}} = 1{,}76 \cdot 10^{11} \, \frac{\mathrm{m}^2}{\mathrm{Vs}^2}.$$

Es kommt durch eine Spannung $u = 2{,}84$ V auf eine Geschwindigkeit

$$v = \sqrt{10^{12} \, \frac{\mathrm{m}^2}{\mathrm{s}^2}} = 10^6 \, \frac{\mathrm{m}}{\mathrm{s}} = 10^3 \, \frac{\mathrm{km}}{\mathrm{s}}.$$

Das ist $\frac{1}{300}$ der Lichtgeschwindigkeit.

In allen hergeleiteten Gleichungen tritt nur der Quotient $\frac{Q}{m}$ auf. Aus der freien Bewegung eines Ladungsträgers im elektrischen Feld kann also nur das Verhältnis von Ladung zu Masse, nicht die Ladung allein, bestimmt werden.

## 2.2 *Bewegung verteilter Ladungen, Strom und Stromdichte*

Die im Abschnitt 2.1 gefundenen Ergebnisse gelten nur bei Bewegungen einzelner Ladungsträger. Bei der gleichzeitigen Bewegung vieler benachbarter Ladungsträger können die Ladungsträger sich gegenseitig beeinflussen, und die bisher erhaltenen Beziehungen brauchen nicht mehr zu gelten.

Sind in einem Raum $n$ Teilchen mit der gleichnamigen Elementarladung $e$ vorhanden, so ist die Gesamtladung $Q = n \cdot e$. Teilt man die Ladung $Q$ durch das von ihr eingenommene Volumen $V$, so erhält man die mittlere Ladungsdichte in diesem Raum. Bei beliebig fein unterteilbarer Ladung läßt sich für jedes beliebig kleine Raumelement eine Raumladungsdichte $\rho$ definieren, indem man die in einem kleinen Quader vom Volumen $\Delta V$ befindliche Ladung $\Delta Q$ durch das Volumen dividiert:

$$\rho = \frac{\Delta Q}{\Delta V}. \tag{2.8}$$

Wir beachten: $\rho = 0$ bedeutet nicht, daß in einem Raumelement keine Ladungsträger anzutreffen sind, es bedeutet nur, daß kein Überschuß an positiven oder negativen Ladungsträgern vorhanden ist.

Das ist wichtig, wenn wir bewegte Ladungen betrachten. Wir müssen dann zwischen einer Raumladungsströmung (z.B. in einer Elektronenröhre) und einer raumladungsfreien Strömung (z.B. Elektronenstrom in Metallen) unterscheiden.

Bevor wir aber diese beiden Fälle bewegter Ladungsträger behandeln, wollen wir einige in jedem Falle gültige und brauchbare Begriffe herleiten, nämlich die Begriffe des elektrischen Stromes und der elektrischen Stromdichte.

Wir nehmen an, eine Ladungswolke mit der konstanten Raumladungsdichte $\rho$ nehme das Raumgebiet mit dem Volumen $\Delta V = \Delta x \Delta y \Delta z$

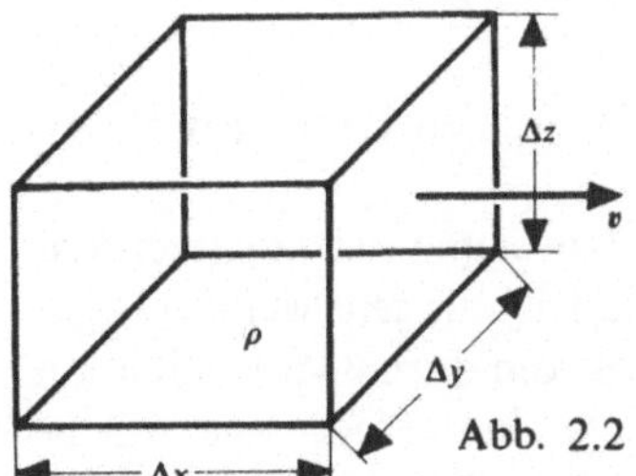


Abb. 2.2 Zur Bewegung räumlich verteilter Ladungen

ein und bewege sich in $x$-Richtung mit der Geschwindigkeit $v_x$. Sie legt dann in der Zeit $\Delta t$ näherungsweise die Strecke

$$\Delta x = v_x \Delta t \tag{2.9}$$

zurück, und hierbei tritt die Ladung $\Delta Q$ durch die Fläche $\Delta y \Delta z$.

$$\Delta Q = \rho \Delta x \Delta y \Delta z = \rho v_x \Delta y \Delta z \Delta t. \tag{2.10}$$

Der Quotient $\frac{\Delta Q}{\Delta t}$ gibt die Ladung an, die in einer bestimmten Zeit $\Delta t$

durch eine vorgegebene Fläche $\Delta y \Delta z$ strömt. Im Grenzfall ist

$$\lim_{\Delta t \to 0} \frac{\Delta Q}{\Delta t} = \frac{\mathrm{d}Q}{\mathrm{d}t} = \rho v_x \Delta y \Delta z; \tag{2.11}$$

der Grenzwert (2.11) wird als **elektrischer Strom** $i$ bezeichnet.

$$i = \rho v_x \Delta y \Delta z. \tag{2.12}$$

Die gesamte Ladungsmenge, die von der Zeit $t_1$ bis zur Zeit $t_2$ durch den Querschnitt $\Delta y \cdot \Delta z$ hindurchtritt, wird dann durch die Beziehung

$$Q = \int_{t_1}^{t_2} i \,\mathrm{d}t \tag{2.13}$$

gegeben.

Während in diese Überlegungen noch die Größe der durchströmten Fläche eingeht, wollen wir jetzt eine Größe einführen, die auch hiervon unabhängig ist. Dividiert man den Strom durch die durchströmte Fläche, senkrecht zur Stromrichtung, so erhält man die **elektrische Stromdichte** in der betrachteten Richtung. Aus Gleichung (2.12) ergibt sich

$$J_x = \rho v_x. \tag{2.14}$$

Bei unseren Ableitungen haben wir angenommen, daß die Ladungswolke sich in $x$-Richtung bewegt. Bei einer Bewegung in beliebiger Richtung kann die Geschwindigkeit $\boldsymbol{v}$ in die drei Raumkomponenten $v_x$, $v_y$, $v_z$ zerlegt werden, und es ergibt sich für jede Richtung eine Stromdichte $J_x, J_y, J_z$.

Die drei Gleichungen definieren den Vektor der Stromdichte

$$\boldsymbol{J} = \rho \boldsymbol{v}, \tag{2.15}$$

er ist dem Vektor der Geschwindigkeit der bewegten Ladungen gleichgerichtet.

Die Richtung von $\boldsymbol{J}$ ist die Richtung der Bewegung der positiven Ladungsträger, $\boldsymbol{J}$ und $\boldsymbol{v}$ haben entgegengesetzte Richtungen, wenn $\rho$ negativ ist. Aus der Stromdichte erhält man den Strom durch Multiplikation mit der senkrecht durchströmten Fläche. Liegt eine vorgegebene Fläche $\Delta A$ nicht senkrecht zur Strömungsrichtung (Abb. 2.3), ist also der senkrecht auf der Fläche stehende Vektor des Flächenelementes $\Delta \boldsymbol{A}$ nicht parallel zur Strömungsrichtung $\boldsymbol{v}$, dann erhält man den Strom $\Delta i$ durch

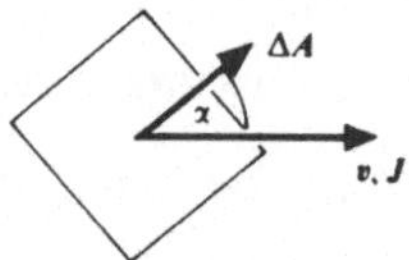


Abb. 2.3 Zur Berechnung des elektrischen Stromes

die Fläche $\Delta A$, indem man bei dem obigen Produkt nur die Projektion der Fläche senkrecht zur Strömungsrichtung berücksichtigt.

Der Strom wird dann durch die Gleichung

$$\Delta i = \rho |\boldsymbol{v}||\Delta \boldsymbol{A}| \cos \alpha \tag{2.16}$$

erhalten. Diese Rechenvorschrift drückt man kurz durch das Skalarprodukt

$$\Delta i = \rho\, \boldsymbol{v} \cdot \Delta \boldsymbol{A} = \boldsymbol{J} \cdot \Delta \boldsymbol{A} \tag{2.17}$$

aus.

Den Gesamtstrom $i$ durch eine große, nicht notwendig ebene Fläche $A$, auf der die Stromdichte $\boldsymbol{J}$ nicht konstant zu sein braucht, erhält man durch Summation über die einzelnen Flächenelemente $\Delta \boldsymbol{A}_k$

$$i = \sum_k \boldsymbol{J}_k \cdot \Delta \boldsymbol{A}_k, \tag{2.18}$$

oder bei beliebig feiner Unterteilung der Gesamtfläche durch das Integral

$$i = \int_A \boldsymbol{J} \cdot \mathrm{d}\boldsymbol{A} = \int_A \rho\, \boldsymbol{v} \cdot \mathrm{d}\boldsymbol{A}. \tag{2.19}$$

Während die Stromdichte $\boldsymbol{J}$ eine gerichtete Größe ist, ein Vektor, der jedem Punkt einer bewegten Ladungsmenge zugeordnet wird, ist der Strom $i$ eine skalare Größe, die sich auf eine bestimmte Fläche bezieht. Die Stromdichte ist das Produkt aus Ladungsdichte und Geschwindigkeit der Ladungsträger. Sie sagt daher nichts darüber aus, ob sich viele Ladungsträger mit kleiner Geschwindigkeit oder wenige mit hoher Geschwindigkeit bewegen. Sie sagt auch nichts darüber aus, ob die bewegten Ladungsträger positives, negatives oder beiderlei Vorzeichen haben. Das gleiche gilt selbstverständlich für den Gesamtstrom durch eine Querschnittsfläche.

Die Dimension des Stromes ist

$$\dim(i) = \frac{\dim(Q)}{\dim(t)}, \tag{2.20}$$

wie aus der Definitionsgleichung (2.11) hervorgeht.

Weil man sehr viel häufiger mit Strömen als mit ruhenden Ladungen zu tun hat, verwendet man statt der Einheit der Ladung (Coulomb) die Einheit Ampere (A) für den Strom und setzt

$$1\,\mathrm{A} = 1\,\frac{\mathrm{Coul}}{\mathrm{s}}. \tag{2.21}$$

Wir werden später sehen, nach welcher Meßvorschrift die Einheit Ampere definiert ist.

## 2.3 Das Raumladungsgesetz

Bei der Bewegung von Ladungen in einem elektrischen Feld nehmen die Ladungsträger Energie auf, die dem Feld entzogen wird. Soll das Feld aufrechterhalten werden, so braucht man einen Generator, der diese Energie ständig nachliefert, indem er z. B. den Platten eines Kondensators, zwischen denen das elektrische Feld konstant gehalten werden soll, fortlaufend Ladungen zuführt. Wir nehmen an, daß uns ein solcher Generator zur Verfügung steht, ohne im einzelnen nähere Angaben zu machen, wie er aufgebaut ist.

Mit den in Abschnitt 2.2 eingeführten Begriffen lassen sich die Gesetzmäßigkeiten beschreiben, nach denen sich Raumladungen unter dem Einfluß eines elektrischen Feldes bewegen.

Zuerst wollen wir den Fall behandeln, daß sich zwischen den Platten eines Plattenkondensators ein Strom geladener Teilchen ausbildet, und zwar von vollkommen frei beweglichen Teilchen, wie sie im Hochvakuum einer Elektronenröhre vorkommen. Gegenüber der Bewegung einzelner Ladungsträger im freien Raum müssen wir jetzt zusätzlich die Wechselwirkung zwischen den Einzelladungen der Ladungswolke berücksichtigen.

Aus einer der Platten sollen die Ladungsträger in den Raum austreten können; das läßt sich z. B. durch Erhitzen der Platte erreichen. Die aus der Platte austretenden Ladungsträger sind Elektronen, mit denen nur dann ein Ladungstransport durch den Raum hervorgerufen werden kann, wenn die andere Platte gegenüber der erhitzten ein positives Potential erhält. Man nennt die positive Elektrode Anode, die negative Kathode. Liegt zwischen beiden Platten die Spannung $u$ an, dann herrscht im Raum zwischen den Elektroden dadurch zunächst die elektrische Feldstärke $E = \frac{u}{d}$. Treten die Elektronen aus der erhitzten Platte mit der Geschwindigkeit $v = 0$ aus, so würde bei konstanter Feldstärke zum Durchlaufen der Strecke $d$ eine Zeit $t_0$ benötigt, die sich nach Gleichung (2.4)

$$d = \frac{1}{2}\frac{e}{m}E t_0^2 = \frac{1}{2}\frac{e}{m}\frac{u}{d}t_0^2$$

zu

$$t_0 = d\sqrt{\frac{2}{u}\frac{m}{e}} \tag{2.22}$$

ergibt.

Wegen der zwischen Anode und Kathode befindlichen Raumladung, die von den unterwegs befindlichen Elektronen gebildet wird, ist die Feldstärke $E$ aber nicht konstant. Sie nimmt zur Kathode hin stark ab,

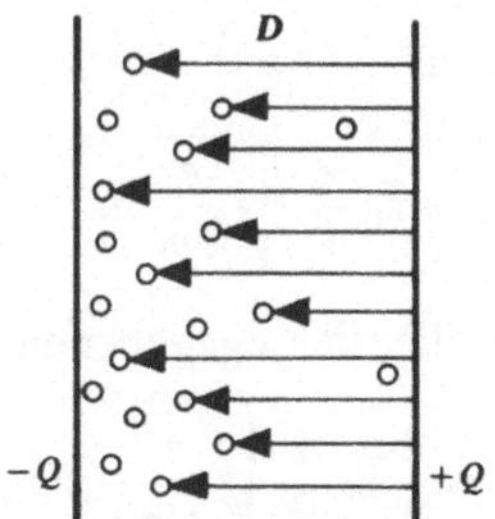


Abb. 2.4 Elektrisches Feld im raumladungserfüllten Plattenkondensator

denn die von der Anode ausgehenden Erregungslinien enden nicht sämtlich auf der Kathode, sondern zum Teil auf den fliegenden Elektronen.

Aus diesem Grunde ist die in Wirklichkeit von den Elektronen benötigte Zeit $t$, um zur Anode zu kommen, größer als die Zeit $t_0$:

$$t > t_0. \tag{2.23}$$

Ein stationärer Zustand ist erreicht, wenn sämtliche von der Anode ausgehenden Erregungslinien auf den im Raum befindlichen Ladungsträgern enden, der Raum an der Kathode also eben feldfrei ist. Dann muß die im Raum befindliche Ladung $Q_R$ der auf der Anode vorhandenen gleich sein, und es muß gelten

$$Q_R = it, \tag{2.24}$$

wenn $i$ der Strom und $t$ die mittlere Flugdauer der Elektronen ist.

Die Raumladung zwischen den Platten einerseits und die Anodenladung andererseits können als die Elektrodenladungen eines Plattenkondensators angesehen werden, der gegenüber dem gegebenen Plattenabstand $d$ einen verkleinerten Plattenabstand $d_R$ hat:

$$d_R < d.$$

Deshalb ist die Raumladung $Q_R$ größer als die Ladung $Q_0$ auf Kathode und Anode, die entsteht, wenn der Raum zwischen Kathode und Anode ladungsfrei ist und die Spannung $u$ zwischen den Elektroden anliegt:

$$Q_R > Q_0 = Cu, \tag{2.25}$$

wobei $C$ die Kapazität des von den beiden Elektroden gebildeten Kondensators ist. Wir vernachlässigen bei der weiteren Rechnung die Ungleichheitszeichen in (2.23) und (2.25) und erhalten aus Gleichung (2.24) angenähert

$$i = \frac{Q_R}{t} \approx \frac{Cu}{t_0} = \frac{Cu}{d}\sqrt{\frac{eu}{2m}} \tag{2.26}$$

Wegen $C = \varepsilon_0 \frac{A}{d}$ wird daraus

$$i \approx \varepsilon_0 \frac{A}{d^2} \sqrt{\frac{e}{2m}} \cdot u^{3/2}. \tag{2.27}$$

(Eine strenge Berechnung, die die angegebenen Vernachlässigungen vermeidet, ergibt

$$i = \frac{8}{9} \varepsilon_0 \frac{A}{d^2} \sqrt{\frac{e}{2m}} \cdot u^{3/2}.$$

Der Fehler, den das von uns erhaltene Ergebnis aufweist, ist trotz der ungenauen Betrachtung klein, weil wir in Gleichung (2.26) in Nenner und Zähler des Ausdrucks jeweils zu kleine Größen eingesetzt haben, und die einzelnen Fehler sich also gegenseitig zum Teil aufheben konnten.)

Dieser Zusammenhang gilt nur unter der Voraussetzung, daß die Anzahl der aus der Kathode austretenden Elektronen so groß ist, daß immer ein ausreichender Vorrat an Elektronen an der Kathode vorhanden ist. Anderenfalls wird der Strom durch die Anzahl der aus der Kathode austretenden Elektronen begrenzt (Sättigung).

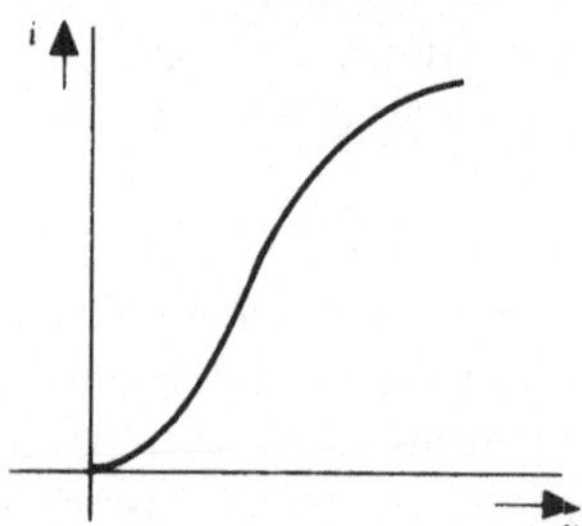


Abb. 2.5 Strom-Spannungs-Kennlinie einer Hochvakuumdiode

Der Strom ist bei der betrachteten Raumladungsströmung proportional $u^{3/2}$. Zwischen Spannung und Strom herrscht daher kein linearer Zusammenhang, ebenso ist der Strom umgekehrt proportional $d^2$. Für eine elektrische Strömung bei vorhandener Raumladung ist das charakteristisch.

## 2.4 Das Ohmsche Gesetz

Wir betrachten jetzt einen ganz anders gearteten Strömungsvorgang, wie er insbesondere in Metallen auftritt. In jedem Raumelement sind die Ladungen der positiven und negativen Ladungsträger gleich groß, die Strömung ist raumladungsfrei. Die Wirkungen der positiven und negativen Ladungen heben sich gegenseitig auf, und die Wechselwirkungen der Ladungsträger untereinander brauchen nicht berücksichtigt zu werden. In Metallen sind die positiven Ladungsträger unbeweglich, ein Teil der negativen Ladungsträger (Elektronen) ist beweglich. Beim Anlegen eines elektrischen Feldes werden die Elektronen entgegen der Richtung der elektrischen Feldstärke beschleunigt. Da sie aber schon nach einer sehr kurzen zurückgelegten Wegstrecke durch Störungen im Metallgitter mit anderen Elektronen zusammenstoßen, erreichen sie keine hohen Geschwindigkeiten, sondern werden dauernd wieder abgebremst. Es bildet sich ein Gleichgewichtszustand aus, in dem die mittlere Geschwindigkeit $\boldsymbol{v}$ der Elektronen und damit auch die Stromdichte $\boldsymbol{J}$ der elektrischen Feldstärke $\boldsymbol{E}$ proportional wird.

$$\rho \boldsymbol{v} = \boldsymbol{J} = \kappa \boldsymbol{E}. \tag{2.28}$$

Den Proportionalitätsfaktor $\kappa$ nennt man die spezifische Leitfähigkeit, er ist eine Materialkonstante, die außerdem von dem physikalischen Zustand des Materials, z.B. seiner Temperatur, abhängt. Bei reinen Metallen ist die Leitfähigkeit ungefähr umgekehrt proportional der absoluten Temperatur, im Bereich der gewöhnlichen Raumtemperatur nimmt sie ungefähr um $3 \div 4^0/_{00}$ je °C ab.

Diese Tatsache läßt sich dadurch erklären, daß die Behinderung der sich bewegenden Elektronen mit zunehmender Wärmebewegung der Gitterionen immer stärker wird.

Die spezifische Leitfähigkeit $\kappa$ hat die Dimension

$$\dim(\kappa) = \frac{\dim(J)}{\dim(E)} = \frac{\dim(i)}{\dim(u) \cdot \dim(l)}. \tag{2.29}$$

Sie hat bei den häufig benutzten Metallen folgende Werte:

$$\mathrm{Cu}: \kappa = 5{,}8 \cdot 10^7 \,\frac{\mathrm{A}}{\mathrm{Vm}}$$

$$\mathrm{Al}: \kappa = 3 \cdot 10^7 \,\frac{\mathrm{A}}{\mathrm{Vm}}$$

$$\mathrm{Fe}: \kappa = 1 \cdot 10^7 \,\frac{\mathrm{A}}{\mathrm{Vm}}.$$

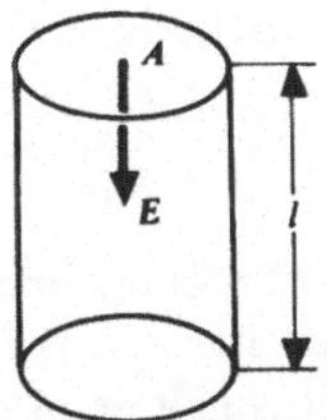


Abb. 2.6 Zur Berechnung des Widerstandes eines langen Drahtes

Der Kehrwert der spezifischen Leitfähigkeit wird auch als spezifischer Widerstand bezeichnet.

Wir wollen den Strom berechnen, der durch einen zylinderförmigen Leiter mit der spezifischen Leitfähigkeit $\kappa$ fließt, an dessen Enden die Spannung $u$ anliegt (Abb. 2.6). Unter der Voraussetzung, daß die beiden Querschnittsflächen an den Zylinderenden Äquipotentialflächen sind, ist im stationären Zustand wie im Plattenkondensator überall im Zylinder

$$E = \frac{u}{l}. \tag{2.30}$$

Das elektrische Feld ist deshalb innerhalb des Leiters homogen, und es bildet sich nach Gleichung (2.28) ein homogenes Strömungsfeld aus. Die Stromdichte hat den konstanten Betrag

$$|J| = \kappa \frac{u}{l}. \tag{2.31}$$

Der Gesamtstrom $i$ zwischen den Zylinderenden ist

$$i = |J| A = \frac{\kappa A}{l} u. \tag{2.32}$$

Er ist der Spannung $u$ direkt proportional. Man nennt den Proportionalitätsfaktor den Leitwert $G$ des betrachteten Leiters, sein Kehrwert ist der Widerstand $R$.

$$G = \frac{1}{R} = \frac{\kappa A}{l} \tag{2.33}$$

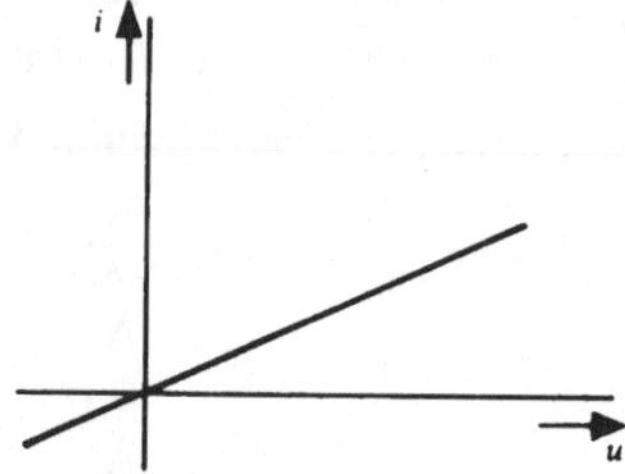


Abb. 2.7 Strom-Spannungs-Kennlinie eines Ohmschen Widerstandes

Mit dieser Bezeichnung geht Gleichung (2.32) über in die Beziehungen

$$i = G u \tag{2.34}$$

oder

$$u = R i, \tag{2.35}$$

die man als Ohmsches Gesetz bezeichnet.

Da die Stromleitung in den meisten metallischen Körpern ihm mit sehr großer Genauigkeit folgt, spielt es in der technischen Anwendung eine sehr wichtige Rolle.

Der Widerstand hat die Dimension

$$\dim(R) = \frac{\dim(u)}{\dim(i)}, \tag{2.36}$$

und es gibt für ihn – wie für die Kapazität – eine besondere Einheit, man nennt sie Ohm (Ω). Es gilt

$$1\,\Omega = \frac{1\,\mathrm{V}}{1\,\mathrm{A}}. \tag{2.37}$$

Auch für den Leitwert benutzt man gelegentlich eine eigene Einheit, das Siemens (S):

$$1\,\mathrm{S} = \frac{1}{1\,\Omega} = \frac{1\,\mathrm{A}}{1\,\mathrm{V}}. \tag{2.38}$$

In den angelsächsischen Ländern bezeichnet man diese Einheit oft kurzerhand mit der Umkehrung des Namens Ohm, also

$$1\,\text{Siemens} = 1\,\text{mho}.$$

Die Voraussetzungen, die wir bei der Ableitung von Gleichung (2.32) gemacht haben, sind sehr gut erfüllt bei Drähten mit sehr kleinen Querschnittsabmessungen gegenüber ihrer Länge $l$. Nach der Formel (2.33) erhalten wir für den Widerstand eines Kupferdrahtes von 1 km Länge und einem Querschnitt von 1 mm$^2$:

$$R = \frac{l}{\kappa A}$$

mit

$$l = 1\,\mathrm{km} \qquad A = 1\,\mathrm{mm}^2 \qquad \kappa = 5{,}8 \cdot 10^7\,\frac{\mathrm{A}}{\mathrm{Vm}}.$$

$$R = \frac{1\,\mathrm{km}\cdot\mathrm{V}\cdot\mathrm{m}}{5{,}8\cdot 10^7\,\mathrm{A}\cdot 1\,\mathrm{mm}^2} = \frac{10^{-7}\,\mathrm{V}}{5{,}8\,\mathrm{A}}\cdot\frac{10^3\,\mathrm{m}^2}{10^{-6}\,\mathrm{m}^2} = \frac{100}{5{,}8}\,\Omega$$

$$R = 17{,}2\,\Omega.$$

Zum Vergleich geben wir noch die Werte für andere Metalle an. Ein Leitungsdraht von einem Kilometer Länge und 1 mm$^2$ Querschnitt hat bei

| | | | |
|---|---|---|---|
| Ag | 16 ÷ 17 Ω, | Al | 28 ÷ 30 Ω, |
| Cu | 17 ÷ 18 Ω, | Fe | 90 ÷ 150 Ω. |

Um zu erkennen, wie der Ladungstransport in einem metallischen Leiter sich vom Transport frei beweglicher Ladungen unterscheidet, wollen wir die mittlere Geschwindigkeit der Elektronen in einem Kupferleiter berechnen. Dazu müssen wir in die Gleichung (2.15), die die Geschwindigkeit der Ladungsträger mit der Stromdichte verknüpft, die Raumladungsdichte der im Kupfer bewegten Elektronen einsetzen. Wir hatten in Abschnitt 1.8 gefunden, daß in 1 kg Cu insgesamt ungefähr

$45 \cdot 10^6$ Coul Ladungen enthalten sind. Von den 29 Elektronen der Atomhülle des Kupfers nimmt aber jeweils nur 1 Elektron am Ladungstransport teil. Das sind also nur

$$\frac{Q}{m} = 1{,}54 \cdot 10^6 \text{ Coul/kg}.$$

Berücksichtigen wir jetzt noch die spezifische Dichte des Kupfers: $\delta_{\mathrm{Cu}} = \frac{m}{V} = 8{,}9 \cdot \frac{\mathrm{g}}{\mathrm{cm}^3}$, so erhalten wir für die Raumladungsdichte der bewegten Elektronen

$$\rho = \frac{Q}{V} = 1{,}54 \cdot 10^6 \, \frac{\mathrm{Coul}}{\mathrm{kg}} \cdot 8{,}9 \, \frac{\mathrm{g}}{\mathrm{cm}^3},$$

$$\rho = 13{,}7 \, \frac{\mathrm{Coul}}{\mathrm{mm}^3}.$$

Bei einer Stromdichte von $10 \mathrm{~A/mm}^2$, die in den Zuleitungsdrähten des Lichtnetzes gewöhnlich zulässig ist, ergibt sich dann die mittlere Geschwindigkeit

$$|\boldsymbol{v}| = \frac{|\boldsymbol{J}|}{\rho} = \frac{10 \mathrm{~A}}{\mathrm{mm}^2} \cdot \frac{\mathrm{mm}^3}{13{,}7 \mathrm{~Coul}} = 0{,}7 \, \frac{\mathrm{mm}}{\mathrm{s}}.$$

Wir erkennen an dieser geringen Geschwindigkeit, wie stark die Elektronen durch die Zusammenstöße im Kristallgitter abgebremst werden. Die Energie, die den Elektronen aus dem elektrischen Feld durch die fortwährende Beschleunigung zugeführt wird, geht bei diesen Zusammenstößen in eine ungeordnete Bewegung der positiven Ionen des Metallgitters über, sie wird in Wärme verwandelt.

## *2.5 Die Leistung*

Beim Transport elektrischer Ladungen im elektrischen Feld wird Feldenergie in Bewegungsenergie der Ladungsträger umgesetzt.

Wir haben in Abschnitt 1.2 abgeleitet, daß dem Feld durch den Transport der Ladung $\Delta Q$ über die Spannung $u$ die Energie

$$\Delta W = u \Delta Q \tag{2.39}$$

entzogen wird.

Wird die Ladung $\Delta Q$ durch den Strom $i$ in der Zeit $\Delta t$ transportiert, so gilt nach Gleichung (2.11)

$$\Delta Q = i \Delta t,$$

und für die umgesetzte Feldenergie ergibt sich

$$\Delta W = u i \Delta t. \tag{2.40}$$

Den Quotienten aus aufgewandter Arbeit und benötigter Zeit nennt man Leistung und bezeichnet ihn mit dem Formelzeichen $P$ (power).

Für $\Delta t \to 0$ erhalten wir aus Gleichung (2.40)

$$P = \frac{\mathrm{d}W}{\mathrm{d}t} = u i. \tag{2.41}$$

Diese Beziehung gilt ganz allgemein für die Leistung im elektrischen Strömungsfeld. Werden die vom Strom $i$ transportierten positiven Ladungen gegen die Feldrichtung bewegt, so gibt Gleichung (2.41) die vom Strömungsfeld aufgenommene Leistung, werden sie in Feldrichtung bewegt, so gilt Gleichung (2.41) für die vom Strömungsfeld abgegebene Leistung. In einem festen Körper, in dem die stationäre Strömung dem Ohmschen Gesetz gehorcht, wird deshalb die elektrische Leistung $u \cdot i$ laufend in Wärme umgewandelt. Da dieser Vorgang nicht umkehrbar ist, ist $u \cdot i$ die vom ohmschen Widerstand in „Verlustleistung" verwandelte elektrische Leistung. Führt man in Gleichung (2.41) das Ohmsche Gesetz ein, so erhält sie die Form

$$P = u i = i^2 R = u^2/R. \tag{2.42}$$

Die im Widerstand entstandene Verlustleistung ist dem Quadrat der angelegten Spannung oder dem Quadrat des fließenden Stromes proportional. Auf die Stromrichtung, d. h. das Vorzeichen von $i$ bzw. $u$, kommt es in diesem Fall also nicht an.

Die Leistung hat die Dimension

$$\dim(P) = \dim(u) \cdot \dim(i). \tag{2.43}$$

Dieser häufig vorkommenden Größe hat man eine eigene Einheit gegeben und hat sie Watt (W) genannt.

$$1\,\mathrm{W} = 1\,\mathrm{V} \cdot 1\,\mathrm{A}. \tag{2.44}$$

Aus diesem Grunde gibt man die elektrische Energie oft in Wattsekunden (Ws), Wattstunden (Wh) oder Kilowattstunden (kWh) an.

Die Leistung $P$ gibt die insgesamt umgesetzte Leistung im Strömungsfeld an. Dividiert man die Leistung durch das Volumen des von der bewegten Ladung eingenommenen Raumes, so erhält man den Begriff der Leistungsdichte. Wir wollen diese berechnen und gehen zu diesem Zweck von der Darstellung der Arbeit in Gleichung (1.4) aus:

$$\Delta W = \boldsymbol{F} \cdot \Delta \boldsymbol{s}.$$

Für den Quotienten $\frac{\Delta W}{\Delta t}$ erhalten wir damit

$$\frac{\Delta W}{\Delta t} = \boldsymbol{F} \cdot \frac{\Delta \boldsymbol{s}}{\Delta t}; \tag{2.45}$$

im Grenzfall $\Delta t \to 0$ geht der Quotient $\Delta \boldsymbol{s}/\Delta t$ in die Geschwindigkeit $\boldsymbol{v}$ über

$$\lim_{\Delta t \to 0} \frac{\Delta \boldsymbol{s}}{\Delta t} = \boldsymbol{v},$$

und man erhält

$$P = \frac{\mathrm{d}W}{\mathrm{d}t} = \boldsymbol{F} \cdot \boldsymbol{v}. \tag{2.46}$$

Im elektrischen Feld wirkt auf eine Ladung $\Delta Q$ nach Gleichung (1.1) die Kraft

$$\boldsymbol{F} = \Delta Q \boldsymbol{E};$$

dividiert man diese Gleichung durch das von der Ladung $\Delta Q$ eingenommene Volumen $\Delta V$ und berücksichtigt Gleichung (2.8), so erhält man

$$\frac{\boldsymbol{F}}{\Delta V} = \rho \boldsymbol{E}. \tag{2.47}$$

Also ergibt sich schließlich für die Leistungsdichte mit Gleichung (2.46), (2.47) und (2.15)

$$\frac{P}{\Delta V} = \frac{\boldsymbol{F}}{\Delta V} \cdot \boldsymbol{v} = \rho \boldsymbol{v} \cdot \boldsymbol{E} = \boldsymbol{J} \cdot \boldsymbol{E}. \tag{2.48}$$

Hierbei muß selbstverständlich das Raumelement so klein sein, daß die Stromdichte $\boldsymbol{J}$ und die elektrische Feldstärke $\boldsymbol{E}$ in ihm als konstant angesehen werden können.

## *2.6 Strömungsfelder*

Bei einer stationären Strömung, die dem Ohmschen Gesetz gehorcht, gilt für die Stromdichte

$$\boldsymbol{J} = \kappa \boldsymbol{E} \tag{2.49a}$$

ganz entsprechend der Beziehung

$$\boldsymbol{D} = \varepsilon \boldsymbol{E} \tag{2.49b}$$

in einem elektrostatischen Feld. Ebenso gehen aus diesen beiden Größen in gleicher Weise der elektrische Strom und die elektrische Ladung hervor.

$$i = \int_A \boldsymbol{J} \cdot \mathrm{d}\boldsymbol{A}\,; \quad Q = \int_A \boldsymbol{D} \cdot \mathrm{d}\boldsymbol{A}\,. \tag{2.50}$$

Die analogen Beziehungen für den elektrischen Leitwert und die Kapazität,

$$G = i/u\,; \quad C = Q/u\,, \tag{2.51}$$

ermöglichen es uns schließlich, den Widerstand einer Anordnung mit räumlich verteiltem Strömungsfeld in der gleichen Art zu berechnen, wie wir bei der Berechnung der Kapazität einer räumlich gleichartigen Anordnung vorgegangen sind, die statt eines leitenden Materials mit der Leitfähigkeit $\kappa$ einen Isolierstoff mit der Dielektrizitätskonstanten $\varepsilon$ enthält.

Bei einem räumlich gleich angeordneten Aufbau erhalten wir also, indem wir $\kappa$ mit $\varepsilon$ und $G$ mit $C$ vertauschen:

$$G = \frac{\kappa}{\varepsilon} C\,. \tag{2.52}$$

Als Beispiel soll der Widerstand eines Halbkugel-Erders berechnet werden.

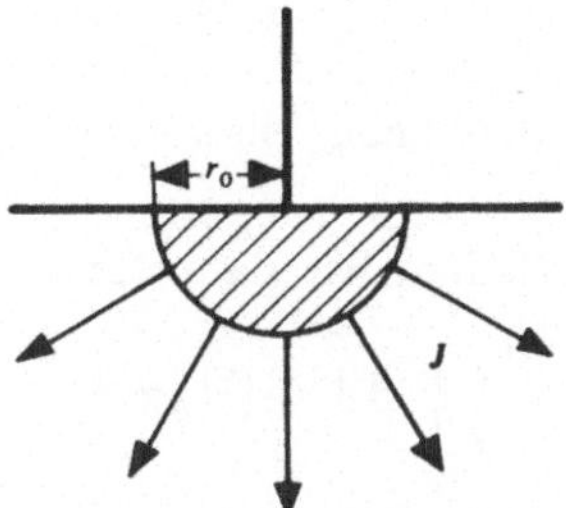


Abb. 2.8 Strömungsfeld eines Halbkugel-Erders

Eine Kugel mit dem Radius $r_0$ hat nach Gleichung (1.68) gegenüber einer unendlich weit entfernten Hohlkugel die Kapazität

$$C = 4\pi\varepsilon r_0\,.$$

In Abb. 2.8 sind die Strömungslinien des Halbkugel-Erders skizziert. Wenn es möglich wäre, einen Kondensator zu realisieren, bei dem die Feld- und Erregungslinien nur von einer Halbkugel radial nach allen Seiten ausgingen, in dem also das Feld analog zu dem des Erders beschaffen wäre, so hätte diese Halbkugel gegenüber der unendlich fernen

Gegenelektrode die Kapazität

$$C' = 2\pi\varepsilon r_0. \tag{2.53}$$

Das beschriebene Feld läßt sich als Strömungsfeld eines sehr gut leitenden halbkugelförmigen Erders im Erdreich mit der Leitfähigkeit $\kappa$ verwirklichen. Die Stromdichte ist im Erdreich radial von der Halbkugel weg gerichtet; oberhalb des Erdbodens ist $\kappa = 0$, also kein Strömungsfeld anzutreffen.

Mit Gleichung (2.52) und (2.53) ist der Leitwert zwischen der Halbkugel vom Radius $r_0$ und einer weit entfernten Gegenelektrode

$$G = 2\pi\kappa r_0. \tag{2.54}$$

Dieses Ergebnis wollen wir noch einmal ohne die Analogie zum Kondensator herleiten.

Bei radialer Strömung durch die Halbkugel-Oberfläche mit dem Radius $r$ ist der Betrag der Stromdichte auf der Oberfläche konstant und $\boldsymbol{J}$ steht in jedem Punkt auf der Oberfläche senkrecht.

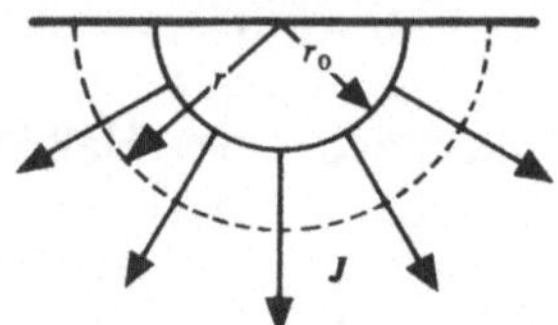


Abb. 2.9 Zur Berechnung eines Strömungsfeldes

Aus Gleichung (2.19) erhalten wir dann für den Betrag der Stromdichte:

$$i = \int_A \boldsymbol{J} \cdot \mathrm{d}\boldsymbol{A} = |\boldsymbol{J}| 2\pi r^2$$

$$|\boldsymbol{J}| = \frac{i}{2\pi r^2}, \tag{2.55}$$

und wegen $|\boldsymbol{J}| = \kappa \cdot |\boldsymbol{E}|$ für den Betrag der elektrischen Feldstärke:

$$E = \frac{1}{\kappa} \cdot \frac{i}{2\pi r^2}. \tag{2.56}$$

Zwischen den Punkten mit den Abständen $r_1$ und $r_2$ vom Kugelmittelpunkt liegt dann die Spannung

$$u_{r_1, r_2} = \frac{i}{2\pi\kappa} \int_{r_1}^{r_2} \frac{\mathrm{d}r}{r^2} = \frac{i}{2\pi\kappa} \left( \frac{1}{r_1} - \frac{1}{r_2} \right). \tag{2.57}$$

Liegt der eine Punkt auf der Halbkugel des Erders,

$$r_1 = r_0,$$

und der andere auf der unendlich fernen Gegenelektrode,

$$r_2 \to \infty,$$

so erhalten wir

$$u_{r_0,\infty} = \frac{i}{2\pi\kappa r_0}. \tag{2.58}$$

Aus diesem Ergebnis ergibt sich wieder der Leitwert aus Gleichung (2.54).

Die Beziehung (2.57) wollen wir endlich noch dazu benutzen, um die Spannung zwischen zwei Punkten in der Umgebung des Erders auszurechnen, die entsteht, wenn der Erder z.B. den Kurzschlußstrom eines Leitungsnetzes ableitet.

Haben die Punkte die Abstände $r_1$ und $r_2$ vom Halbkugelmittelpunkt, dann können wir hierzu die Gleichung (2.57) direkt übernehmen.

$$u_{r_1,r_2} = \frac{i}{2\pi\kappa} \cdot \frac{r_2 - r_1}{r_1 r_2}. \tag{2.59}$$

Gefährlich wird eine solche Spannung, wenn sie für $r_2 - r_1 \approx 1$ m – das ist die Entfernung, die man mit einem Schritt im allgemeinen überbrücken kann – Werte von $50 \div 60$ V überschreitet. Die betrachtete Spannung wird kurz Schrittspannung genannt.

Zahlenbeispiel: Wir nehmen für den Erdboden eine mittlere Leitfähigkeit $\kappa = 10^{-2}\,\frac{\text{A}}{\text{Vm}}$ an. Sie wird bei nassem Ackerboden um eine Zehnerpotenz, bei Seewasser um zwei Zehnerpotenzen überschritten. Bei trockenem Sand- und Gesteinsboden liegt der Wert um eine Zehnerpotenz niedriger. Der Erder leite einen Strom von 100 A ab. Bei $r_2 - r_1 =$ $= 1$ m erhalten wir für die Schrittspannung

$$u_{r_1,r_2} = \frac{100\,\text{A}\cdot\text{Vm}}{2\pi\cdot 10^{-2}\,\text{A}} \cdot \frac{1\,\text{m}}{r_1\cdot r_2} = \frac{10^4}{2\pi}\,\text{V} \cdot \frac{\text{m}^2}{r_1\cdot r_2}.$$

Bei $r_1 = 10$ m, $r_2 = 11$ m ergibt sich $u_{r_1,r_2} = 14{,}5$ V, bei $r_1 = 5$ m, $r_2 = 6$ m dagegen schon $u_{r_1,r_2} = 53$ V.

## 2.7 Die Ionenleitung

Bisher haben wir den Ladungstransport in Metallen betrachtet. Die raumladungsfreie Strömung bestand aus beweglichen Elektronen, während die positiven Ionen unbeweglich waren und das Kristallgitter des Metalles bildeten.

In Flüssigkeiten und Gasen liegen die Verhältnisse anders. Hier sind auch die Ionen beweglich, sie tragen deshalb auch zum Ladungstransport bei.

Positive und negative Ladungsträger sind in vielen Flüssigkeiten schon ohne Anlegen eines elektrischen Feldes getrennt. So dissoziieren wegen der hohen Dielektrizitätskonstante $\varepsilon = 81 \cdot \varepsilon_0$ im Wasser viele Stoffe in positive und negative Ionen; z.B. dissoziiert Kochsalz in die zwei Atomionen $Na^+$ und $Cl^-$ oder Schwefelsäure in die Molekülionen $SO_4^{--}$ und $H_2^{++}$. Die Wertigkeit des betreffenden Stoffes stimmt mit der Anzahl der Elementarladungen überein, die ein Ion trägt. Im elektrischen Feld werden auf die Ionen Kräfte ausgeübt, und sie werden je nach Art der Ladung in oder gegen die Feldrichtung beschleunigt.

Im folgenden wollen wir den Ionenstrom in Flüssigkeiten betrachten. Hier ist die Dichte so groß, daß die bewegten Ionen durch fortgesetzte Zusammenstöße nur eine kleine Geschwindigkeit in oder entgegen der Feldrichtung erreichen. Mit guter Näherung genügt der Ionenstrom in einer Flüssigkeit deshalb dem Ohmschen Gesetz.

Anders als bei der Elektronenströmung ist bei der Bewegung von Ionen mit dem Ladungstransport auch ein Stofftransport verbunden. Den Zusammenhang zwischen beiden erhalten wir durch Anwendung der schon oben erwähnten Tatsache: Jedes Ion – dabei ist es gleichgültig, ob es sich um ein Atom- oder Molekülion handelt – trägt bei der elektrolytischen Leitung ebenso viele Elementarladungen, wie seine Wertigkeit beträgt.

Wir wollen die Masse $m$ eines Stoffes berechnen, die mit einer bestimmten Ladungsmenge $Q$ transportiert wird, wenn die Ionen die Wertigkeit z haben. Dazu benötigen wir zwei physikalische Größen:

a) die Elementarladung

$$e = 1{,}602 \cdot 10^{-19}\,\mathrm{As},$$

b) die Anzahl der Moleküle, die in einem Kilomol – das ist die Masse eines Stoffes, die so viele kg enthält, wie sein Molekülgewicht angibt – des Stoffes enthalten sind: die Loschmidtsche Zahl

$$N = 6{,}02 \cdot 10^{26}/\mathrm{Kilomol}.$$

Für das Verhältnis von transportierter Ladung $Q$ zu transportierter Masse $m$ erhalten wir bei Ionen der Wertigkeit z:

$$\frac{Q}{m} = zNe \tag{2.60}$$

oder mit den angegebenen Zahlenwerten

$$\frac{Q}{m} = z \cdot 6{,}02 \cdot 10^{26} \cdot 1{,}602 \cdot 10^{-19} \ \frac{\text{As}}{\text{Kilomol}}$$

$$\frac{Q}{m} = z \cdot 9{,}65 \cdot 10^{7} \ \frac{\text{As}}{\text{Kilomol}} \qquad (2.61)$$

Zum Transport eines Kilomols eines z-wertigen Stoffes werden

$$z \cdot 9{,}65 \cdot 10^{7}\ \text{As}$$

benötigt. Dieses Gesetz wurde bereits von Faraday experimentell ermittelt. Der Proportionalitätsfaktor wird deshalb als Faraday-Konstante bezeichnet.

Mit Hilfe dieses Gesetzes können wir sofort die Ladungsmengen berechnen, die bei der elektrolytischen Gewinnung von Metallen gebraucht werden.

Aluminium wird z.B. nur durch Elektrolyse gewonnen. Es hat ein Atomgewicht (das ist in diesem Fall gleich dem Molekülgewicht) von 27 und ist dreiwertig. Deshalb ist

$$1\ \text{kg} = \tfrac{1}{27}\ \text{Kilomol};$$

man braucht also zum elektrolytischen Abscheiden von Aluminium

$$3 \cdot 9{,}65 \cdot 10^{7} \cdot \frac{1}{27} \cdot \frac{\text{As}}{\text{kg}} = 10{,}7 \cdot 10^{6}\ \frac{\text{As}}{\text{kg}} = 2{,}98 \cdot 10^{3}\ \frac{\text{Ah}}{\text{kg}}.$$

Wegen der endlichen Leitfähigkeit des Elektrolyten fällt zwischen den beiden Elektroden eine Spannung von ungefähr 4 V ab. Man benötigt deshalb die elektrische Energie von ungefähr

$$12 \cdot 10^{3}\ \frac{\text{VAh}}{\text{kg}} = 12\ \frac{\text{kWh}}{\text{kg}}.$$

Die Metallmenge, die sich an einer Elektrode niederschlägt, kann sehr genau gemessen werden. Deshalb wurde früher die Einheit des Stromes

$$1\ \text{A} = 1\ \frac{\text{Coul}}{\text{s}}$$

nach der Silbermenge festgelegt, die aus einer wäßrigen Lösung von Silbernitrat in einer Sekunde abgeschieden wird: das internationale Ampere ($A_{int}$).

Hierbei ist das Verhältnis

$$\frac{Q}{m} = \frac{9{,}65 \cdot 10^{7}}{107{,}88} \cdot \frac{\text{As}}{\text{kg}}$$

oder

$$\frac{m}{Q} = 1{,}118 \ \frac{\text{mg}}{\text{As}}.$$

(Heute ist die Einheit des Stromes anders festgelegt, nämlich durch die Kraft, die zwei stromführende Leiter aufeinander ausüben: das absolute Ampere (A). Wir werden diese Definition bei der Behandlung der in einem Magnetfeld auftretenden Kräfte kennenlernen. Die beiden so entstandenen Einheiten des Stromes unterscheiden sich geringfügig voneinander. Bei den meisten technischen Anwendungen braucht man aber den Unterschied zwischen der absoluten und der internationalen Einheit (nach den neuesten Messungen: $A_{int} = 0{,}99985$ A) nicht zu berücksichtigen.)

## *2.8 Die Diode*

Die Leitung des elektrischen Stromes in einem Metall und die in einer Elektronenröhre unterscheiden sich nicht nur durch die andersartige Verknüpfung von Spannung und Strom (vgl. Abschnitt 2.3 und 2.4), sondern auch dadurch, daß das Metall den Strom in beliebiger Richtung leiten kann, und die Elektronenröhre nur dann, wenn die nichterhitzte Platte gegenüber der erhitzten positives Potential hat, weil die kalte Elektrode keine Elektronen emittiert.

Anordnungen, in denen der elektrische Strom nur in einer Richtung fließen kann, haben in der Elektrotechnik besondere Bedeutung, weil sie als Gleichrichter dienen können.

Eine der oben erwähnten ähnliche Erscheinung tritt an der Grenzschicht zweier Halbleiter auf, in denen die Stromleitung durch verschiedenartige Ladungsträger verursacht wird.

Die Leitfähigkeit halbleitender Kristalle hängt vor allem von der Art ihrer Störstellen ab. Befinden sich z. B. im Kristallgitter des vierwertigen Germaniums (Ge) stellenweise anstatt der Germaniumatome die Atome des fünfwertigen Arsens (As), so wird jeweils das freie fünfte Valenzelektron besonders leicht beweglich. Das Germanium erhält auf diese Weise einen Überschuß beweglicher negativer Ladungsträger: es ist, wie man sagt, n-leitend. Sind dagegen dreiwertige Atome, wie z. B. Bor (B), die Störstellen eines Germaniumkristalles, so entsteht ein Mangel an beweglichen negativen Ladungsträgern, oder anders ausgedrückt, ein Überschuß an Defektelektronen (Löchern): Germanium ist dann p-leitend.

Stoßen zwei Materialien zusammen, von denen das eine einen Überschuß an negativen beweglichen Ladungsträgern (in Abb. 2.10a links), das andere einen Überschuß an positiven beweglichen Ladungsträgern (in Abb. 2.10a rechts) hat, so diffundieren Elektronen nach rechts und Löcher nach links. Diese Diffusion kommt durch die Wärmebewegung der Ladungsträger zustande. Der Bereich, in dem sich die Diffusion bemerkbar macht, wird als Grenzschicht beider Materialien bezeichnet.

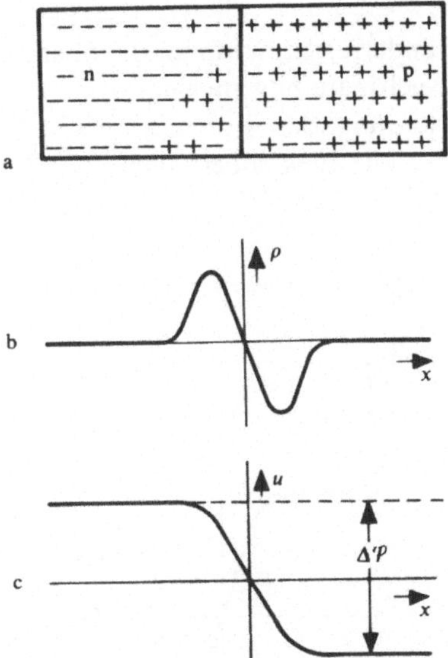


Abb. 2.10 a) Grenzschicht zwischen n- und p-leitenden Materialien
b) Verlauf der Raumladungsdichte
c) Potentialverlauf

Ohne die Diffusion wäre zunächst die Raumladung in beiden Materialien gleich Null. Durch das Eindringen positiver Ladungen in den linken Teil der Grenzschicht in Abb. 2.10a und negativer in den rechten Teil erhält die Grenzschicht eine Raumladung $\rho$, wie sie in Abb. 2.10b skizziert wurde. Diese Raumladungsverteilung hat eine elektrische Feldstärke zur Folge, die die positiven Ladungsträger in den p-leitenden Teil, die negativen in den n-leitenden Teil zu bewegen sucht. Sie wirkt deshalb ihrer Ursache, der Diffusion, entgegen. Zwischen den Kräften der elektrischen Feldstärke und der verursachenden Diffusion stellt sich ein Gleichgewichtszustand ein. Der von der elektrischen Feldstärke verursachte Potentialverlauf an der Grenzschicht ist in Abb. 2.10 skizziert, der Potentialunterschied $\Delta\varphi$ zwischen beiden Materialien, die Kontaktspannung, erreicht Werte bis 1 V. Ein Strom kann deswegen an den Enden der beiden Halbleiterstäbchen jedoch nicht entnommen werden, wenn sie durch Anschließen eines Drahtes miteinander verbunden werden. An den Übergängen vom Draht zum Halbleiter tritt dann ebenfalls eine Kontaktspannung auf, so daß bei gleicher Temperatur aller Kontaktstellen die Summe aller Spannungen im geschlossenen Kreis verschwindet.

Die Verhältnisse ändern sich, wenn an die oben beschriebene Anordnung eine äußere Gleichspannung angelegt wird.

Erhöht diese Spannung das Potential des n-Leiters noch weiter (Abb. 2.11), so werden die Elektronen nach links und die Löcher nach

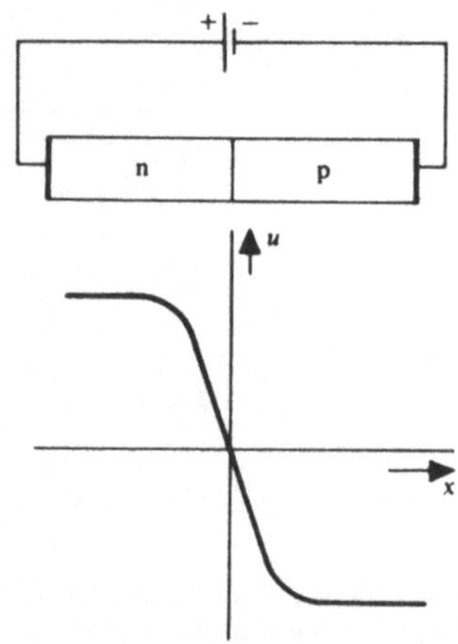


Abb. 2.11 Potentialverlauf in einer in Sperrichtung betriebenen Halbleiterdiode

rechts gedrängt. Dadurch wird der Diffusionsvorgang noch mehr erschwert, die Grenzschicht verarmt an positiven und negativen Ladungsträgern und bildet einen großen Widerstand. In der Richtung vom n-Leiter zum p-Leiter kann deshalb nur ein geringer Sperrstrom fließen. Wirkt die angelegte Gleichspannung entgegengesetzt, so wird die Potentialschwelle an der Grenzschicht erniedrigt, die Wirkung der Diffusion wird unterstützt. Die Grenzschicht nimmt nun besonders viele Ladungsträger auf und wird gut leitend. Jetzt kann ein hoher Durchlaßstrom fließen. Beim Germanium ergeben sich folgende Werte:

| | |
|---|---|
| Durchlaßstromdichte | $10 \div 100\ \mathrm{A/cm^2}$, |
| Sperrstromdichte | $1\ \mathrm{mA/cm^2}$. |

Die Durchlaßströme fließen schon bei Spannungen von einigen Volt. Gegenüber der Elektronenröhre (Hochvakuumdiode) benötigt man hier also keine hohen Spannungen zur Überwindung der Raumladung. Der Sperrschichtgleichrichter kommt aus diesem Grunde dem Verhalten eines stromrichtungsabhängigen Schalters sehr nahe. Er wird deshalb auch in der Energietechnik neuerdings in großem Umfang angewendet, wobei als Halbleitermaterial besonders Silizium gebraucht wird.

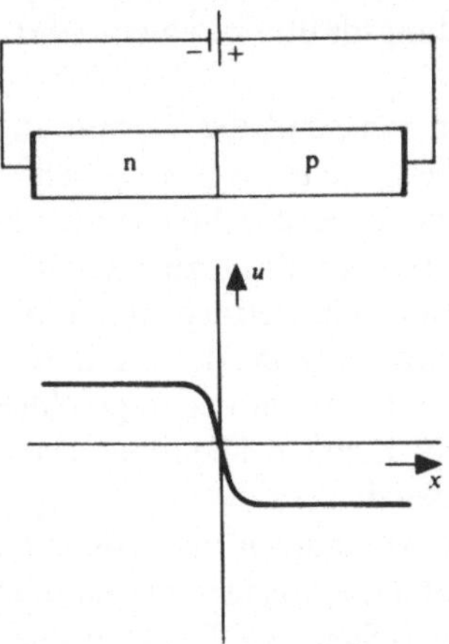


Abb. 2.12 Potentialverlauf in einer in Durchlaßrichtung betriebenen Halbleiterdiode

Die oben beschriebenen Diodenanordnungen sind besonders wichtig, weil sie zu Einrichtungen erweitert werden können, die es gestatten, den in ihnen fließenden Strom praktisch trägheitslos zu steuern und dabei eine Verstärkerwirkung zu erzielen.

Bei einer Hochvakuumdiode wird zu diesem Zweck zwischen Kathode und Anode ein Steuergitter eingefügt (Triode). Auch bei der Halbleiterdiode kann eine Elektrode mit Steuerwirkung hinzugefügt werden. Dabei wird eine zusätzliche Grenzschicht geschaffen, und die neu entstandene Zone im Halbleitermaterial wird mit einer Elektrode versehen (Transistor).

# 3. ZWEIPOLE

Leitende Körper haben wir bisher durch ihre Leitfähigkeit $\kappa$ gekennzeichnet und den resultierenden Widerstand zwischen gegebenen Anschlußpunkten oder Anschlußflächen aus den geometrischen Abmessungen berechnet. Nun wollen wir daran gehen, die Strom- und Spannungsverteilung zu berechnen, die sich einstellt, wenn mehrere leitende Körper durch Verbindungsdrähte zu einem Netz zusammengeschaltet werden.

Dabei wird angenommen, daß die Verbindungsdrähte selbst unendliche Leitfähigkeit haben; weiter sollen sie sehr dünn sein, so daß wir uns nur mit dem gesamten sie durchfließenden Strom, nicht mit seiner Verteilung über den Leiterquerschnitt zu beschäftigen brauchen.

Durch diese vereinfachende Betrachtung gewinnen wir ein Schaltelement, d. h. eine Anordnung, bei der wir uns nur für die Eigenschaften zwischen den beiden Endpunkten der angeschlossenen Leitungsdrähte oder den Polen oder auch einem Klemmenpaar interessieren, mit dem wir die Drähte verbunden denken.

Ein solches Element, bei dem wir uns – ohne Rücksicht auf die physikalische Realisierung und die tatsächliche räumliche Ausdehnung – nur für die Eigenschaften zwischen zwei Punkten interessieren, heißt Zweipol.

Ein Zweipol, der eine dem Ohmschen Gesetz gehorchende Leiteranordnung vereinfachend darstellt, ist durch eine einzige Größe gekennzeichnet, seinen Widerstand $R$, der das Verhältnis von Spannung und Strom zwischen den Anschlußpunkten bestimmt. Werden mehrere Zweipole miteinander verbunden, so entsteht ein Zweipolnetz. Es kann durch ein Schaltbild dargestellt werden, aus dem die Art des Zusammenfügens der einzelnen Widerstände hervorgeht. Dabei werden die Zweipole durch Schaltsymbole gekennzeichnet.

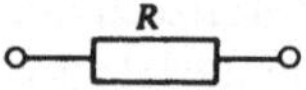


Abb. 3.1 Symbol für einen ohmschen Widerstand

Für einen dem Ohmschen Gesetz gehorchenden Zweipol hat man das in Abb. 3.1 dargestellte Schaltsymbol vereinbart, an das bei Bedarf der zugehörige Widerstandswert – z. B. 100 Ω – oder auch das Formelzeichen $R$, gegebenenfalls mit Index zur Unterscheidung – z. B. $R_1$ ; $R_2$ – geschrieben wird.

Das Symbol lehnt sich an die Realisierung solcher Zweipole durch kleine zylindrische Isolierkörper mit einem Kohlebelag und beiderseits befestigten Anschlußdrähten an.

Ein solches Schaltelement wird auch kurzerhand als Widerstand bezeichnet. Das ist allerdings insofern inkorrekt, als hierdurch der Gegenstand und seine Eigenschaft mit dem gleichen Wort Widerstand belegt werden. Das ist nur in der deutschen Sprache der Fall, während im Englischen richtig zwischen „resistor“ und „resistance“ unterschieden wird.

Selbstverständlich ist ein solcher linearer Zweipol, bei dem Spannung und Strom einander proportional sind, nur ein Sonderfall eines allgemeinen Zweipols mit beliebigem Zusammenhang zwischen Spannung und Strom.

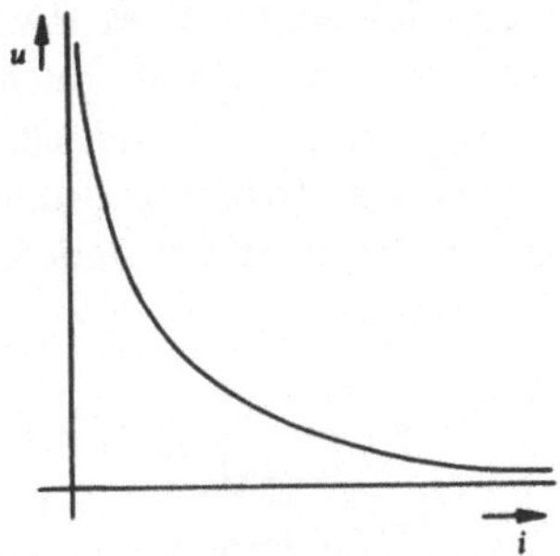


Abb. 3.2 Kennlinie eines nichtlinearen Zweipols

Ein beliebiger Zusammenhang zwischen Spannung und Strom eines Zweipols läßt sich durch eine Kennlinie $u = f(i)$ darstellen. Abb. 3.2 zeigt als Beispiel die Kennlinie eines Zweipols, der eine Gasentladungsstrecke enthält.

Für Zweipole, die nicht dem Ohmschen Gesetz gehorchen, werden üblicherweise auch andere Schaltsymbole benutzt. So wird eine Gas-

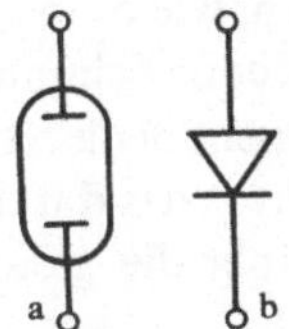


Abb. 3.3 Symbole für eine Gasentladungsstrecke (a) und einen Gleichrichter (b)

entladungsstrecke durch ein Gefäß mit zwei Elektroden angedeutet, ein Gleichrichter, der einen Strom nur in einer Richtung gestattet, durch ein Dreieck mit der Spitze in der Flußrichtung der positiven Ladungen. Beide Schaltsymbole sind in Abb. 3.3 gezeigt.

## 3.1 Zählpfeile für Spannung und Strom

Ein Zweipol ist gekennzeichnet durch zwei Größen: Die Spannung zwischen seinen Klemmen und den zwischen ihnen fließenden Strom.

Die Spannung zwischen zwei Punkten $a$ und $b$ hatten wir im Abschnitt 1. erklärt durch das Wegintegral über die elektrische Feldstärke

$$u_{ab} = \int_a^b \boldsymbol{E} \cdot \mathrm{d}\boldsymbol{s},$$

wobei der Integrationsweg zwischen $a$ und $b$ beliebig ist. Wollen wir also die Spannung zwischen den Klemmen eines Zweipols angeben, dann müßten wir eigentlich die Klemmen mit Buchstaben oder Zahlen (Abb. 3.4a) bezeichnen. Das ist oft zu umständlich. Man hilft sich damit, daß man der Spannung einen Zählpfeil zuordnet (Abb. 3.4b), der die Richtung der Integration von der einen zur anderen Klemme des Zweipols kennzeichnet.

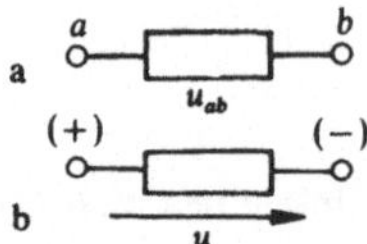


Abb. 3.4 Kennzeichnung einer Spannung durch Buchstaben oder einen Zählpfeil

Eine positive Spannung $u$ zwischen den beiden Klemmen bedeutet also: Die Zählrichtung der Spannung stimmt mit der Richtung des elektrischen Feldes überein, am Ende des Pfeiles ist eine positive, an der Pfeilspitze eine negative Ladung zu denken, wie es in Abb. 3.4b angedeutet ist.

Auch der Strom bedarf der Kennzeichnung durch einen Zählpfeil. Wir erinnern uns, daß ein Stromelement $\mathrm{d}i$ als Skalarprodukt aus dem Vektor der Stromdichte $\boldsymbol{J}$ und dem Vektor des durchströmten Flächenelementes $\mathrm{d}\boldsymbol{A}$ definiert ist. Als Integral über die gesamte durchströmte Fläche $\boldsymbol{A}$ ist der Strom $i$ gegeben durch

$$i = \int_{\boldsymbol{A}} \boldsymbol{J} \cdot \mathrm{d}\boldsymbol{A}.$$

Fließt der Strom durch den Querschnitt eines langen Drahtes, dann wird als Querschnittsfläche einfach eine Fläche senkrecht zur Drahtachse gewählt, so daß der Flächenvektor $A$ die Richtung der Drahtachse hat.

Dabei gibt es zwei Möglichkeiten, den Flächenvektor zu orientieren, wie es in Abb. 3.5 angedeutet wird. Zur eindeutigen Kennzeichnung muß deshalb auch dem Strom ein Zählpfeil zugeordnet werden, der die bei der Integration benutzte Richtung von $A$ kennzeichnet.

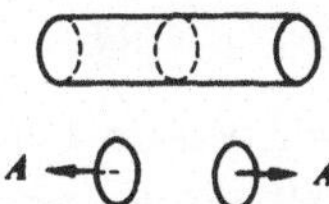


Abb. 3.5 Verschiedene Möglichkeiten zur Orientierung eines Flächenvektors

Der Zählpfeil in Abb. 3.6 gibt an, in welcher Richtung sich bei positivem Strom $i$ die positiven Ladungsträger bewegen, die Stromdichte hat dann die vom Strompfeil angedeutete Richtung. Ist der Strom $i$ negativ, so hat die Stromdichte die umgekehrte Richtung.

Abb. 3.6 Zählpfeil zur Kennzeichnung eines Stromes

## 3.2 Zweipol als Schaltelement

Die Zählrichtungen für Strom und Spannung können an jedem Zweipol unabhängig voneinander gewählt werden. Es gibt also zwei Möglichkeiten der Zuordnung.

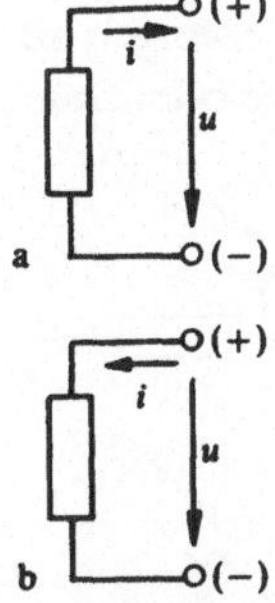


Abb. 3.7 Zählpfeilsysteme
a) Generator-Zählpfeilsystem
b) Verbraucher-Zählpfeilsystem

a) Generator-System: Strom- und Spannungspfeil sind am Zweipol entgegengesetzt zueinander gerichtet. Der aus der positiven Klemme (bei positiver Spannung $u$) herausfließende Strom wird positiv gezählt.
b) Verbraucher-System: Strom- und Spannungspfeil sind am Zweipol gleich gerichtet. Der in die positive Klemme (bei positiver Spannung $u$) hineinfließende Strom wird positiv gezählt.

Wir betrachten nochmals die Gleichungen, mit denen wir den Widerstand $R$ eines Leiters definiert haben und die zum Ohmschen Gesetz in der Form

$$u = Ri$$

geführt haben. Dort hatten wir den im Leiter in Richtung des elektrischen Feldes fließenden Strom positiv gezählt, also das Verbrauchersystem benutzt. Das Ohmsche Gesetz in der angegebenen Form gilt also für ein Verbraucher-Zählpfeilsystem.

Für ein Generator-Zählpfeilsystem müßte es lauten:

$$u = -Ri.$$

## 3.3 Zweipolnetze und die Kirchhoffschen Gleichungen

Mehrere Zweipole können durch Verbindungsdrähte, die wir als widerstandslos annehmen wollen, zu einem Netz zusammengefügt werden.

Ein solches Netz enthält Zweige, die aus den erwähnten Zweipolen bestehen – sie brauchen nicht unbedingt lineare Zweipole zu sein –, und Knoten, an denen die einzelnen Zweipole miteinander verbunden sind. Ein Beispiel eines solchen Netzes ist in Abb. 3.8 gezeigt.

Es ist die Aufgabe der sogenannten Netzwerkanalyse, Ströme und Spannungen an den einzelnen Zweigen zu berechnen, wenn in bestimmten anderen Zweigen die Ströme oder Spannungen vorgegeben sind.

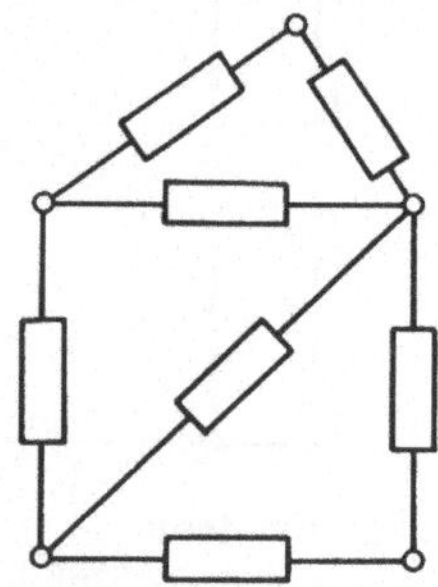

Abb. 3.8 Beispiel eines Netzes

Wir überlegen, welche Gesetze in einem solchen Netz gelten, wenn in allen Zweigen eine zeitlich konstante Strömung, ein Gleichstrom aufrechterhalten werden soll, und betrachten dazu zuerst die Knoten. In ihnen können sich keine Ladungen ansammeln. Also muß in jedem Augenblick an einem Knoten die gleiche Ladungsmenge zu- und abfließen.

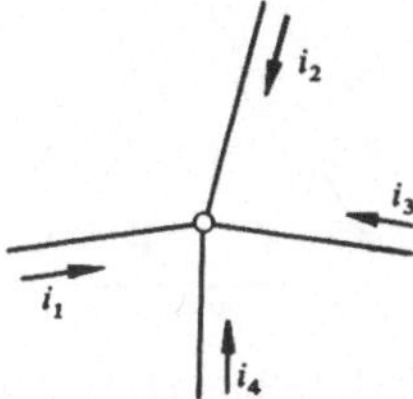


Abb. 3.9 Knoten eines Netzes

Deshalb gilt für die Summe aller auf einen Knoten zu- oder von ihm abfließenden Ströme $i_\nu$

$$\sum_\nu i_\nu = 0 .$$

Dabei muß beachtet werden, daß diese Gleichung nur richtig ist, wenn allen Strömen gleichartige Zählpfeile – zufließend oder abfließend – zugeordnet werden.

Wir betrachten nun die Maschen, von denen wir eine herausgreifen. Zwischen den Klemmen der einzelnen Zweipole liegen bestimmte Spannungen $u_\nu$. Wir wissen, daß diese Spannungen eigentlich das Ergebnis einer Integration über die elektrische Feldstärke sind, von einer Klemme zur anderen. Deswegen haben wir den Spannungen auch einen Zählpfeil beigegeben, der die Integrationsrichtung bezeichnet.

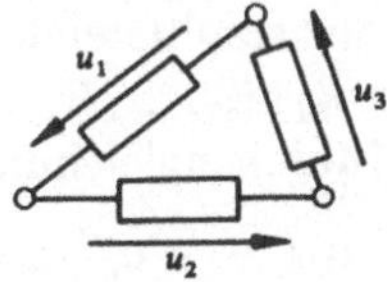


Abb. 3.10 Masche eines Netzes

Wir wissen weiterhin, daß in einem zeitlich unveränderlichen Feld – und nur ein solches kann vorliegen, wenn in den Zweipolen ein Gleichstrom fließt – die Integration über einen geschlossenen Weg den Wert Null ergeben muß.

Das führt zu der Bedingung

$$\sum_{\nu} u_{\nu} = 0$$

für jeden Umlauf im Netz, bei dem die Zählpfeile aller Spannungen in Umlaufrichtung liegen.

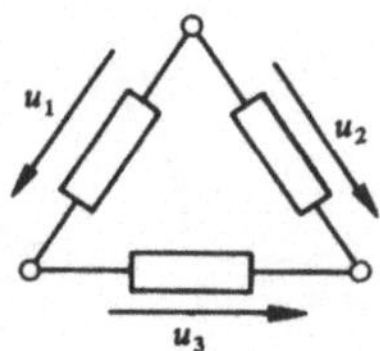


Abb. 3.11 Zur Berechnung der Umlaufspannung

Liegen einzelne Zählpfeile nicht in Umlaufrichtung, dann sind die betreffenden Spannungen negativ einzusetzen. So gilt für das in Abb. 3.11 gezeigte Beispiel beim Umlauf gegen den Uhrzeigersinn (in mathematisch positiver Richtung)

$$u_1 + u_3 - u_2 = 0\,.$$

Eine entsprechende Überlegung gilt natürlich, wenn bei der Betrachtung eines Knotens nicht alle Zählpfeile gleichartig sind.

Die beiden Gleichungen

$$\sum_{\nu} u_{\nu} = 0 \qquad \sum_{\nu} i_{\nu} = 0$$

werden Kirchhoffsche Gleichungen genannt. Sie bilden den Schlüssel zu jeder Netzwerkanalyse.

Als Anwendungsbeispiele für die Kirchhoffschen Gleichungen wollen wir im folgenden die Reihen- und die Parallelschaltung von Widerständen behandeln.

Wir bestimmen zunächst den resultierenden Widerstand einer Reihenschaltung von Widerständen $R_1, R_2, \ldots, R_n$.

Nach der Kirchhoffschen Maschengleichung gilt in Abb. 3.12

$$u_1 + u_2 + \cdots + u_n - u = 0\,. \tag{3.1}$$

Alle Widerstände werden vom gleichen Strom $i$ durchflossen. Das Ohmsche Gesetz ergibt dann für die einzelnen Widerstände

$$u_1 = R_1 i \qquad u_2 = R_2 i \ldots u_n = R_n i\,.$$

Wird dies in Gleichung (3.1) eingeführt, so erhalten wir

$$u = (R_1 + R_2 + \cdots + R_n) i\,.$$

Das Verhältnis $u/i$ wird als resultierender Widerstand $R$ der Gesamtschaltung bezeichnet:

$$R = R_1 + R_2 + \cdots + R_n .$$

Bei einer Reihenschaltung addieren sich die Widerstände.

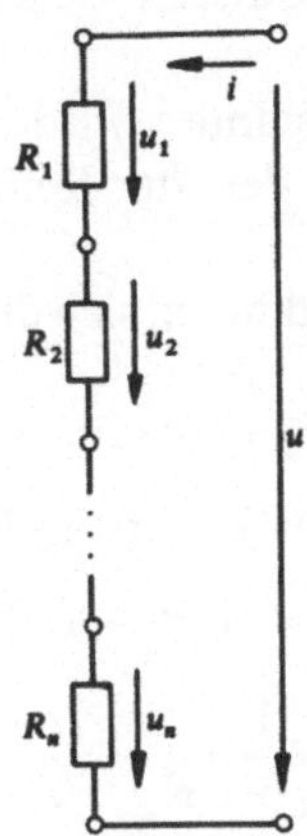


Abb. 3.12 Reihenschaltung von Widerständen

Nun betrachten wir eine Parallelschaltung von $n$ Widerständen. Für jeden der beiden Knoten ergibt die Kirchhoffsche Knotengleichung

$$i_1 + i_2 + \cdots + i_n - i = 0 . \qquad (3.2)$$

An allen Widerständen liegt die gleiche Spannung $u$. Das Ohmsche Gesetz ergibt für die durch die Widerstände fließenden Ströme:

$$i_1 = u/R_1 \qquad i_2 = u/R_2 \ldots i_n = u/R_n .$$

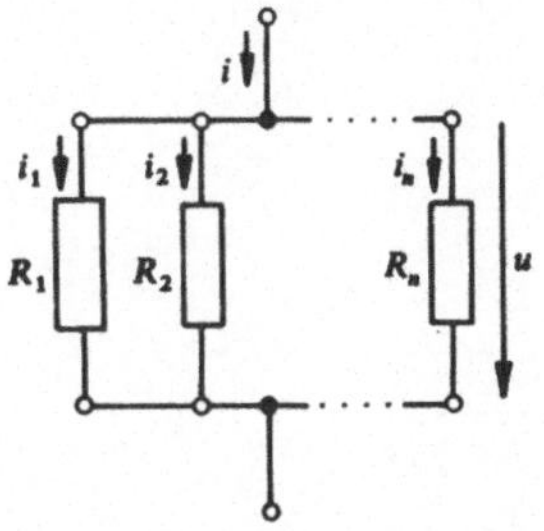

Abb. 3.13 Parallelschaltung von Widerständen

Mit Gleichung (3.2) wird hieraus:

$$i = u(1/R_1 + 1/R_2 + \cdots + 1/R_n).$$

Das Verhältnis $u/i$ ist wieder der resultierende Widerstand $R$ der Gesamtschaltung:

$$1/R = 1/R_1 + 1/R_2 + \cdots + 1/R_n.$$

Bei einer Parallelschaltung addieren sich die Kehrwerte der Widerstände.

Der Kehrwert eines Widerstandes wird auch als Leitwert $G = 1/R$ bezeichnet. Deshalb gilt hier der zur Reihenschaltung entsprechende Satz:

Bei einer Parallelschaltung addieren sich die Leitwerte:

$$G = G_1 + G_2 + \cdots + G_n.$$

Für die Parallelschaltung zweier Widerstände $R_1$, $R_2$ ergibt sich speziell:

$$1/R = 1/R_1 + 1/R_2$$

$$R = \frac{1}{1/R_1 + 1/R_2} = \frac{R_1 R_2}{R_1 + R_2}.$$

# 4. ANALYSE LINEARER NETZE

## *4.1 Vorbemerkung*

Wir wollen uns nun der Netzwerkanalyse zuwenden, d.h. der Lösung der Aufgabe, die Spannungen und Ströme in einem beliebig vorgegebenen mit Gleichspannungen und Gleichströmen gespeisten Netz zu berechnen, und zwar in allen Zweigen dieses Netzes. Wir beschränken uns dabei auf die Analyse linearer Netze, also solcher, bei denen in allen Elementen das Ohmsche Gesetz gilt (Strom und Spannung einander proportional). Das hat die angenehme Folge, daß die Gleichungen zur Berechnung der Spannungen und Ströme linear werden. Diese Gleichungen lassen sich auch bei beliebig komplizierten Netzen – wenigstens im Prinzip – eindeutig und mit elementaren Rechenoperationen auflösen.

Zur Netzwerkanalyse stehen uns zur Verfügung:

a) die Kirchhoffschen Gleichungen

$$\sum_{\nu} i_{\nu} = 0 \quad \text{für alle Knoten des Netzes,}$$

$$\sum_{\nu} u_{\nu} = 0 \quad \text{für alle Umläufe innerhalb des Netzes,}$$

b) das Ohmsche Gesetz, das in allen im Netz vorhandenen Widerständen gültig ist.

Die Anzahl der unbekannten Spannungen und Ströme bestimmt nun, wie viele Gleichungen wir zur Lösung der uns gestellten Aufgabe brauchen. Es werden gerade soviele benötigt, wie unbekannte Größen vorhanden sind. Bei komplizierten Netzen ist das eine große Anzahl. Es ist leicht einzusehen, daß wir nur dann Aussicht haben, in jedem Fall zum Ziel zu kommen, wenn wir bei der Lösung ein festes Schema befolgen. Dieses Schema muß sicherstellen, daß wir nicht nur die richtige Anzahl, sondern auch die richtige Auswahl von Gleichungen bekommen, nämlich solche, die voneinander unabhängig sind, und nicht solche, die – vielleicht in versteckter Form – mehrfach den gleichen Sachverhalt wiedergeben.

Um dieses Schema zu entwickeln, stellen wir zwei Vorüberlegungen an:

a) Wir fragen nach dem allgemeinsten linearen Zweipol, seinen Kenngrößen und seiner Darstellung. Das ist notwendig, weil Zweipole die Elemente bilden, aus denen sich das Netz zusammensetzt.

b) Wir behandeln einige Fragen, die die Struktur des Netzes betreffen, beschäftigen uns also mit der Topologie des Netzes. Das ermöglicht es uns, aus den zur Verfügung stehenden Gleichungen die richtigen auszuwählen.

## 4.2 Der allgemeine lineare Zweipol

Bisher haben wir als linearen Zweipol nur den ohmschen Widerstand kennengelernt. Er wird durch seinen Widerstand $R$ gekennzeichnet, und bei den in Abb. 4.1 gewählten Zählpfeilen für Spannung und Strom gilt die Gleichung

$$u = Ri. \tag{4.1}$$

Der allgemeinste lineare Zusammenhang zwischen $u$ und $i$ ist aber von der Form

$$u = c_1 + c_2 i. \tag{4.2}$$

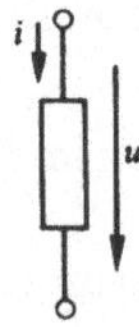


Abb. 4.1 Zählpfeile von Strom und Spannung an einem Zweipol

Das bedeutet, auch wenn kein Strom an dem betreffenden Klemmenpaar fließt ($i = 0$), kann zwischen den Klemmen eine Spannung vorhanden sein. Der allgemeinste lineare Zweipol muß also eine Spannungsquelle, einen Generator, enthalten. Er ist damit ein aktiver Zweipol, weil er Energie abgeben kann.

Wir stellen einen solchen Generator, der eine konstante Spannung $u_0$ liefert, durch das in Abb. 4.2 gezeigte Symbol dar. Die Schaltung, die den gesuchten Zusammenhang zwischen Strom und Spannung an dem äußeren Klemmenpaar liefert, ist in Abb. 4.3 dargestellt; denn für den Umlauf in dem vorhandenen Kreis gilt

$$-u_0 + u_R + u = 0. \tag{4.3}$$

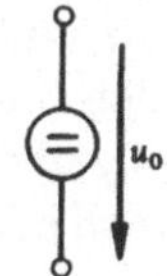


Abb. 4.2 Symbol für eine Spannungsquelle

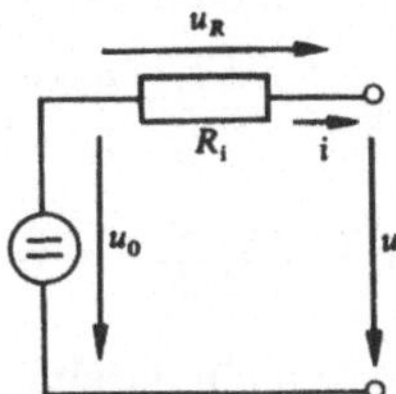


Abb. 4.3 Ersatzspannungsquelle

Mit $u_R = R_i i$ erhalten wir endgültig:

$$u = u_0 - R_i i. \tag{4.4}$$

Wir sehen, daß unsere Schaltung den gewünschten Zusammenhang zwischen $u$ und $i$ liefert, wenn $c_1 = u_0$ und $c_2 = -R_i$ gesetzt wird.

Die angegebene Schaltung beschreibt das Verhalten jedes beliebigen linearen Zweipols richtig, unabhängig davon, wie der Zweipol, den wir uns als einen „schwarzen Kasten" mit zwei äußerlich zugänglichen Klemmen vorstellen, im Inneren tatsächlich aufgebaut ist.

Die Schaltung stellt also eine Ersatzschaltung dar, sie wird Ersatz-Spannungsquelle genannt. Ihre Kenngrößen sind die Spannung $u_0$ und der Widerstand $R_i$. Wir überlegen, wie die beiden Kenngrößen durch Messung an den äußeren Klemmen ermittelt werden können.

Die Spannung $u_0$ finden wir, indem wir an die Klemmen einen Spannungsmesser anschließen, aber keinen Strom entnehmen, den Zweipol also „leerlaufen" lassen. $u_0$ ist deshalb die Leerlaufspannung des Zweipols.

Den Innenwiderstand $R_i$ können wir bestimmen, indem wir die beiden Klemmen kurzschließen und den hierbei fließenden Kurzschlußstrom messen. Es gilt

$$i_k = \frac{u_0}{R_i}. \tag{4.5}$$

Selbstverständlich lassen sich die beiden Kennwerte nicht nur aus Leerlaufspannung und Kurzschlußstrom, sondern aus zwei beliebigen Strom- und Spannungsmessungen ermitteln.

Belastet man den Zweipol etwa mit irgendeinem Widerstand und mißt dann die Spannung $u_1$ und den Strom $i_1$, und erhält man bei einer anderen Belastung die Spannung $u_2$ und den Strom $i_2$, dann lassen sich die Zweipol-Kennwerte $u_0$, $R_i$ aus den beiden linearen Gleichungen

$$u_1 = u_0 - R_i i_1,$$

$$u_2 = u_0 - R_i i_2$$

sofort ermitteln, indem man sie nach $u_0$, $R_i$ auflöst:

$$u_0 = \frac{u_1 i_2 - u_2 i_1}{i_2 - i_1}, \qquad (4.6)$$

$$R_i = \frac{u_2 - u_1}{i_1 - i_2}. \qquad (4.7)$$

Die Ersatz-Spannungsquelle ist nicht die einzig mögliche Ersatzschaltung für den allgemeinen linearen Zweipol. Der lineare Zusammenhang zwischen Strom und Spannung an den Zweipolklemmen kann auch in der Form

$$i = c_3 + c_4 u \qquad (4.8)$$

geschrieben werden. Das führt auf eine Schaltung mit einer Stromquelle, einen Stromgenerator. Wir fragen zunächst nicht danach, wie ein solcher Stromgenerator physikalisch realisiert wird, und stellen ihn durch das in Abb. 4.4 gezeigte Symbol dar.

Abb. 4.4 Symbol für eine Stromquelle

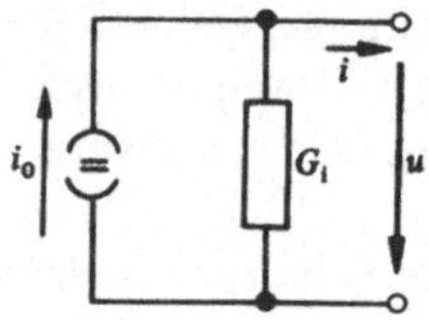

Abb. 4.5 Ersatzstromquelle

Dem Zusammenhang zwischen Strom und Spannung aus Gleichung (4.8) entspricht dann die Schaltung von Abb. 4.5. Sie besteht aus einem Stromgenerator und einem dazu parallel geschalteten Widerstand mit dem Leitwert $G_i = 1/R_i$.

Wenn der durch den Widerstand fließende Strom durch $G_i u$ ersetzt wird, gilt für die Summe der Ströme an jedem der beiden Knoten

$$i_0 - G_i u - i = 0$$

oder

$$i = i_0 - G_i u. \qquad (4.9)$$

Wenn wir in Gleichung (4.8) $c_3 = i_0$ und $c_4 = -G_i$ setzen, entspricht dieser Zusammenhang dem gesuchten. Bei Kurzschluß der äußeren Klemmen ($u = 0$) wird

$$i = i_0 = i_k. \qquad (4.10)$$

Bei Leerlauf ($i = 0$) ergibt sich

$$u = u_0 = i_0/G_i = i_0 R_i. \tag{4.11}$$

Wir erkennen, daß die Elemente, die den Innenwiderstand verkörpern, in beiden Ersatzschaltungen übereinstimmen. Der Zusammenhang zwischen der Leerlaufspannung $u_0$ und dem Kurzschlußstrom $i_0$ der beiden Generatoren ist einfach

$$u_0 = i_0 R_i.$$

Ersatz-Spannungs- und Ersatz-Stromquelle, die beide gleichwertig den „aktiven Zweipol" beschreiben, gehen für einen „passiven Zweipol" in die gleiche Ersatzschaltung über, wenn $u_0 = 0$ oder $i_0 = 0$ ist.

Man muß nur beachten: Der Spannungsgenerator stellt für $u_0 = 0$ einen Kurzschluß dar, der Stromgenerator für $i_0 = 0$ dagegen einen Leerlauf der beiden Generatorklemmen.

Die Ersatzschaltungen beschreiben nur das Verhalten des linearen Zweipols am äußeren Klemmenpaar, sie sagen nichts darüber aus, was in einer tatsächlich vorgelegten Anordnung im Inneren des „schwarzen Kastens" vorgeht. Ebenso sollen und können die Symbole für den Strom- oder Spannungsgenerator keine Angaben darüber machen, durch welche Ursachen der Strom oder die Spannung entstehen. Es können chemische Wirkungen sein wie in einer Batterie, aber auch mechanische Bewegungen wie in einem nach dem Induktionsprinzip arbeitenden Generator oder Wärmebewegungen von Ladungsträgern wie in einer Elektronenröhre.

## *4.3 Der vollständige Baum*

Während wir in den vorangehenden Abschnitten das Netz durch seine Schaltung charakterisiert haben, wollen wir uns jetzt nur mit seiner Struktur beschäftigen. Wir verstehen darunter die Art, in der die einzelnen Zweige des Netzes miteinander verbunden sind, und wollen dabei von den in den einzelnen Zweigen vorhandenen Schaltelementen absehen. Die Struktur des Netzes kann durch einen Streckenkomplex, einen sogenannten Graphen, dargestellt werden, der die Zweige nur als Linien und die Knoten als Verbindungspunkte enthält.

Der in Abb. 4.6a dargestellten Schaltung eines Netzes wird auf diese Weise der Graph aus Abb. 4.6b zugeordnet.

Außer der Struktur des Netzes, die durch den Graphen gekennzeichnet wird, muß noch die Zählrichtung für die Ströme und Spannungen in allen Zweigen festgelegt werden. Zu diesem Zweck vereinbaren wir, in jedem Zweig Strom und Spannung in gleicher Richtung positiv zu zählen, also das Verbraucher-Zählpfeilsystem anzunehmen.

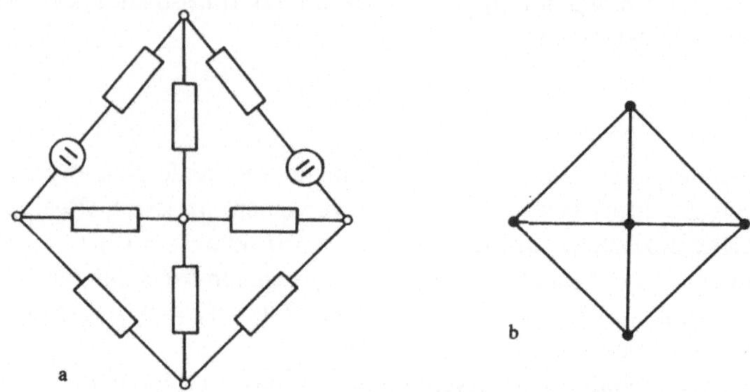


Abb. 4.6 Netzwerk (a) mit zugeordnetem Graphen (b)

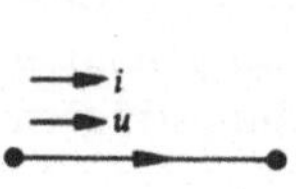


Abb. 4.7
Zählpfeile an einem orientierten Zweig

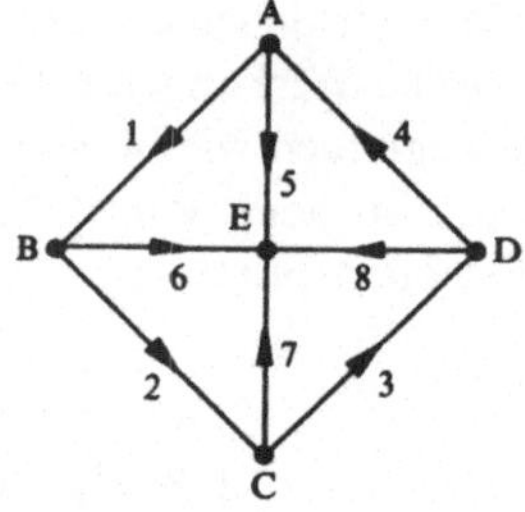


Abb. 4.8 Graph mit orientierten Zweigen

Dann können die Zählrichtungen von Strom und Spannung einfach durch einen gemeinsamen Pfeil angegeben werden, der in dem betreffenden Zweig des Graphen eingetragen wird, so wie es in Abb. 4.7 angedeutet ist.

Um jeden Knoten und Zweig einfach bezeichnen zu können, numerieren wir die Zweige nach einem beliebigen Schema, ebenso benennen wir die Knoten. Wir erhalten dann für unser Beispiel den Graphen aus Abb. 4.8.

Bevor wir uns aber der eigentlichen Aufgabe zuwenden, die Ströme und Spannungen in allen Zweigen des Netzes oder jedenfalls in bestimmten, uns interessierenden zu berechnen, wollen wir folgende drei Fragen beantworten.

a) Liefern die drei uns zur Verfügung stehenden Systeme von Gleichungen

$$\sum_{\nu} u_{\nu} = 0 \quad \text{für alle Umläufe}$$

$$\sum_{\nu} i_{\nu} = 0 \quad \text{für alle Knoten}$$

$$u_{\nu} = u_{0\nu} + R_{\nu} i_{\nu} \quad \text{für alle Zweige}$$

genügend viele Gleichungen zur Bestimmung aller unbekannten Ströme und Spannungen?

b) Sind die in a) gefundenen Gleichungen zur Berechnung der Unbekannten geeignet, und wie finden wir die richtigen – d. h. die voneinander unabhängigen – Gleichungen heraus, falls mehr Gleichungen vorhanden sind, als gebraucht werden?

c) Wie können wir den Rechnungsgang für die gesuchten Größen möglichst einfach und übersichtlich gestalten?

Wir beginnen mit Punkt a):

Die Ströme $i_{\nu}$ und Spannungen $u_{\nu}$ in den Zweigen des Netzes sind unbekannt. Sind $z$ Zweige vorhanden, dann haben wir also $2z$ Unbekannte.

In jedem Zweig gilt das Ohmsche Gesetz, das Strom und Spannung miteinander verknüpft. Das ergibt $z$ Gleichungen. Sie sind sicher voneinander unabhängig, da jede Unbekannte jeweils nur in e i n e r Gleichung vorkommt. Demnach müssen die Kirchhoffschen Gleichungen für Maschen und Knoten weitere $z$ Gleichungen liefern, und zwar $z$ voneinander u n a b h ä n g i g e Gleichungen. Das heißt, unter diesen $z$ Gleichungen dürfen sich keine befinden, die sich z. B. aus den übrigen durch Addition von zwei oder mehr Gleichungen ergeben.

Deshalb müssen wir uns überlegen, wieviel unabhängige Gleichungen wir mit den Maschen- und Knotengleichungen aufstellen können. Bei den Knotengleichungen läßt sich das sehr einfach feststellen. Hat das Netz insgesamt $k$ Knoten, dann können wir $k-1$ unabhängige Knotengleichungen anschreiben; denn bei jedem neuen Knoten, mit Ausnahme des letzten, tritt mindestens e i n Strom $i$ in der Knotengleichung auf, der in keiner der vorangehenden Gleichungen vorkommt. Die letzte $k$-te Gleichung liefert dagegen nichts Neues, denn insgesamt fließt aus dem ganzen Netz kein Strom ab, es fließt aber auch kein Strom zu. Wenn die

Knotengleichungen diese Bedingung für jeden Knoten stellen, dann ist sie mit den $k-1$ Knotengleichungen auch für den $k$-ten Knoten erfüllt.

Wir überzeugen uns davon an unserem Beispiel aus Abb. 4.8. Die Anzahl der Knoten ist $k = 5$. Wenn wir die vier außenliegenden Knoten betrachten, dann treten die Ströme der Zweige 5...8 jeweils nur in einer Gleichung auf.

Die Überlegungen bei den Maschengleichungen sind etwas schwieriger. Es gibt hier im allgemeinen eine sehr große Anzahl von Möglichkeiten, in einem Netz Umläufe für die Maschengleichungen zu bilden, und man kann nicht sofort erkennen, ob die entstehenden Gleichungen voneinander unabhängig sind.

Wir finden aber sicher dann ein System voneinander unabhängiger Gleichungen, wenn wir bei jedem neuen Umlauf so vorgehen: Wir schließen den Umlauf an mindestens einen schon benutzten Knoten an und nehmen mindestens einen Zweig hinzu, der noch nicht in einem vorhergehenden Umlaufe benutzt worden ist. Wird hierbei ein schon benutzter Knoten berührt, so ist der Umlauf durch benutzte Zweige zu schließen. Dieses Verfahren wird solange fortgesetzt, bis kein noch nicht benutzter Zweig mehr vorhanden ist.

Die Anzahl der so gewonnenen Maschengleichungen, von denen wir wissen, daß sie ein unabhängiges Gleichungssystem bilden, bestimmen wir, indem wir die Anzahl der bei den einzelnen Umläufen neu hinzukommenden Knoten berechnen.

Der erste Umlauf enthält gerade soviel Knoten wie Zweige. Entsteht der nächste Umlauf durch das Hinzutreten eines neuen Zweiges, so wird dabei kein neuer Knoten des Netzes berührt. Zwei neue Zweige müssen einen neuen Knoten bringen; allgemein bringt ein Umlauf mit $v$ neuen Zweigen $v-1$ neue Knoten. Wir können jetzt bei jedem Umlauf die Anzahl der neuen Zweige und Knoten anschreiben.

1. Umlauf: $z_1$ neue Zweige und $z_1$ neue Knoten
2. Umlauf: $z_2$ neue Zweige und $z_2-1$ neue Knoten
3. Umlauf: $z_3$ neue Zweige und $z_3-1$ neue Knoten

⋮

$n$-ter Umlauf: $z_n$ neue Zweige und $z_n-1$ neue Knoten

Die Gesamtzahl der neuen Zweige ist gleich der Anzahl der Zweige des Netzes, die Gesamtzahl der neuen Knoten gleich der Anzahl der Knoten des Netzes:

$$z_1+z_2+z_3+\cdots+z_n = z, \tag{4.12}$$

$$z_1+(z_2-1)+(z_3-1)+\cdots+(z_n-1) = k. \tag{4.13}$$

Der Gleichung (4.13) können wir die Form

$$z_1 + z_2 + z_3 + \cdots + z_n - (n-1) = k \tag{4.14}$$

geben, aus der sich mit Gleichung (4.12) sofort der Zusammenhang

$$n = z - (k-1) \tag{4.15}$$

ergibt.

Wir erhalten also

$z-(k-1)$ unabhängige Maschengleichungen.

Zusammen mit den

$k-1$ unabhängigen Knotengleichungen

sind das also $z$ Gleichungen für die Ströme oder Spannungen in den $z$ Zweigen des Netzes, wie verlangt.

In unserem Beispiel aus Abb. 4.8 können wir etwa so vorgehen: Als ersten Umlauf wählen wir den mit den Zweigen $1-5-6$, er enthält 3 Zweige und 3 Knoten; als zweiten den mit den Zweigen $2-6-7$, es

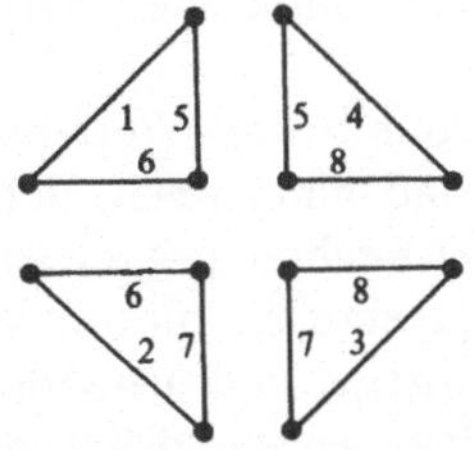


Abb. 4.9 Zur Berechnung der Anzahl der unabhängigen Maschen eines Netzes

treten 2 neue Zweige und 1 neuer Knoten hinzu. Auch der dritte Umlauf mit den Zweigen $3-7-8$ enthält wieder 2 neue Zweige und 1 neuen Knoten, der vierte Umlauf mit den Zweigen $4-5-8$ noch einen neuen Zweig, jedoch keinen neuen Knoten, wie aus Abb. 4.9 zu ersehen ist.

| | | |
|---|---|---|
| 1. Umlauf $1-5-6$ | 3 neue Zweige, | 3 neue Knoten |
| 2. Umlauf $2-6-7$ | 2 neue Zweige, | 1 neuer Knoten |
| 3. Umlauf $3-7-8$ | 2 neue Zweige, | 1 neuer Knoten |
| 4. Umlauf $4-5-8$ | 1 neuer Zweig, | 0 neue Knoten |
| $n = 4$ | $z = 8$ | $k = 5.$ |

Damit ist die erste und in gewissem Umfang auch die zweite Frage beantwortet worden. Wir wissen, die Kirchhoffschen Gleichungen – zusammen mit den Gleichungen des Ohmschen Gesetzes für alle Zweige – liefern eine genügende Anzahl voneinander unabhängiger Gleichungen zur Berechnung aller Ströme und Spannungen, und wir haben auch schon eine Vorschrift angegeben, die bei der Auswahl der Umläufe beachtet werden muß, wenn unabhängige Gleichungen entstehen sollen.

Nun können wir uns der dritten Frage zuwenden: Wie finden wir eine Methode, die uns zu einem sicheren, gewissermaßen automatisch funktionierenden Ablauf des Rechenganges verhilft? Es wäre nun das Nächstliegende, für die Ströme oder die Spannungen in den $z$ Zweigen eine passende Auswahl aus den Knoten- und Maschengleichungen anzuschreiben. Wir haben uns oben davon überzeugt, daß das möglich ist. (Es genügt, alle Ströme oder alle Spannungen zu berechnen, denn in jedem einzelnen Zweig hängen Strom und Spannung über das Ohmsche Gesetz zusammen, können also leicht auseinander berechnet werden.)

Nun ist es aber nicht nötig, die Ströme oder die Spannungen in den $z$ Zweigen auf einmal zu berechnen. Man geht vielmehr üblicherweise so vor, daß man z. B. die Knotengleichungen dazu benutzt, einen Teil der Ströme durch die restlichen auszudrücken. Nur für diese, die unabhängigen Ströme, werden dann die Maschengleichungen angeschrieben.

Die gestellte Aufgabe wird durch dieses Verfahren in zwei Teilaufgaben zerlegt. Das hat den Vorteil, daß man jeweils mit nicht so viel Unbekannten rechnen muß und daß der Rechnungsgang leicht überschaubar wird.

Um diese Vereinfachung zu erzielen, müssen wir offensichtlich zuerst die Unbekannten in abhängige und unabhängige einteilen. Wir machen das zuerst bei den Strömen und drücken damit aus, daß z. B. in der Schaltung mit dem Graphen aus Abb. 4.8 die 8 Zweigströme durch die $k-1 = 4$ Knotengleichungen miteinander verknüpft sind.

Wir beginnen mit dem Knoten A, an dem bei der eingezeichneten Orientierung der Zweigströme

$$i_1 + i_5 - i_4 = 0 \tag{4.16}$$

gilt.

Zwei der drei Ströme sind beliebig wählbar, der dritte ist dann durch Gleichung (4.16) festgelegt, also von den beiden anderen „abhängig“. Wir bezeichnen willkürlich $i_5$ als abhängig.

Am Knoten B lautet die Knotengleichung

$$-i_1 + i_6 + i_2 = 0. \tag{4.17}$$

Den Strom $i_1$ hatten wir schon oben als unabhängig bezeichnet. Also ist einer der Ströme $i_2$ oder $i_6$ abhängig von den übrigen. Wir erklären willkürlich $i_6$ als abhängig.

Aus den für die Knoten C bzw. D gültigen Gleichungen

$$-i_2+i_7+i_3 = 0, \tag{4.18}$$

$$-i_3+i_8+i_4 = 0 \tag{4.19}$$

setzen wir willkürlich $i_7$ und $i_8$ als abhängige Ströme fest. Den Knoten E in der Mitte brauchen wir nicht zu berücksichtigen, da wir ja wissen, daß nur $5-1 = 4$ Knotengleichungen voneinander unabhängig sind. Wir können das jetzt auch aus unserer Einteilung sehen: In diesem Knoten laufen nur noch abhängige Ströme zusammen. Die Gleichung für diesen Knoten verknüpft nur noch die abhängigen Ströme untereinander.

Mit den vier Knotengleichungen (4.16) bis (4.19) können wir die abhängigen Ströme $i_5 \dots i_8$ durch die unabhängigen Ströme $i_1 \dots i_4$ ausdrücken.

$$\begin{aligned} i_5 &= -i_1 \qquad\qquad +i_4 \\ i_6 &= +i_1-i_2 \\ i_7 &= \qquad +i_2-i_3 \\ i_8 &= \qquad\qquad +i_3-i_4\,. \end{aligned} \tag{4.20}$$

Die Knotengleichungen haben wir also bereits dadurch ausgewertet, daß wir die Zweigströme des Netzes in zwei Klassen eingeteilt haben: in abhängige und unabhängige Ströme.

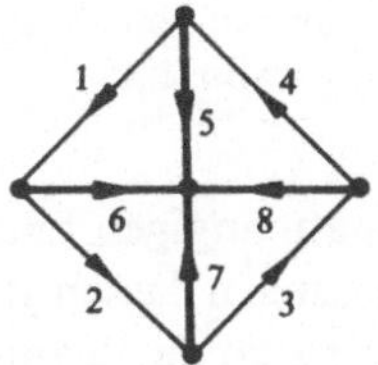


Abb. 4.10 Vollständiger Baum in einem Graphen

Nur für die unabhängigen Ströme müssen wir uns weiterhin interessieren; die abhängigen lassen sich – mit den angeschriebenen Knotengleichungen (4.20) – aus den unabhängigen einfach berechnen. Wir eliminieren sie aus allen Gleichungen, in denen sie auftreten. Die Zweige mit den abhängigen Strömen bilden einen Streckenkomplex, der a l l e Knoten miteinander verbindet, jedoch k e i n e geschlossenen Maschen enthält. Einen solchen Streckenkomplex nennt man einen vollständigen

Baum. In unserem Beispiel ist der vollständige Baum ein vierstrahliger Stern, wie er in Abb. 4.10 angedeutet ist. Die übrigen Zweige des Netzes werden Verbindungszweige genannt. In ihnen fließen die unabhängigen Ströme. Stellt man in dem Graphen Baum- und Verbindungszweige unterschiedlich dar, so erkennt man sofort anschaulich, daß die Ströme in den Verbindungszweigen voneinander unabhängig sind; jeder dieser Ströme läßt sich nur unter Benutzung von Baumzweigen zu einem Umlauf schließen, ohne daß andere Verbindungszweige durchflossen werden. In jedem Verbindungszweig läßt sich also ein beliebiger Strom vorgeben, unabhängig von den Strömen in den übrigen Verbindungszweigen.

Selbstverständlich gibt es im allgemeinen mehrere Möglichkeiten, den vollständigen Baum festzulegen und damit die Zweigströme in abhängige und unabhängige einzuteilen. In Abb. 4.11 sind für unser obiges Beispiel weitere Möglichkeiten, einen vollständigen Baum zu bilden, dargestellt.

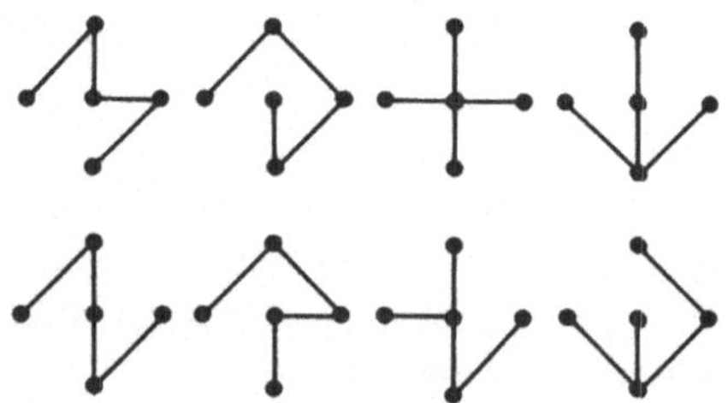

Abb. 4.11 Mögliche Formen für den vollständigen Baum des Graphen aus Abb. 4.8

Wir fragen nun nach den unabhängigen Spannungen im Netz. Nach den vorhergegangenen Überlegungen lassen diese sich sehr leicht auffinden. Unabhängig voneinander sind die Spannungen in allen den Zweigen, die keine geschlossene Masche bilden, in der sie durch die Gleichung

$$\sum_{\nu} u_{\nu} = 0$$

miteinander verknüpft sind. Das sind aber gerade die Spannungen der Zweige, die im Netz einen vollständigen Baum bilden, und nur diese. Es sind also die Spannungen der Verbindungszweige die abhängigen, die Spannungen der Baumzweige die unabhängigen, gerade umgekehrt wie bei den Strömen. Die abhängigen Spannungen lassen sich durch die unabhängigen mit Hilfe der Maschengleichungen ausdrücken.

In unserem Beispiel mit dem vollständigen Baum aus Abb. 4.10 gilt:

$$\begin{aligned} u_1 &= u_5 - u_6 \\ u_2 &= u_6 - u_7 \\ u_3 &= u_7 - u_8 \\ u_4 &= -u_5 + u_8 \,. \end{aligned} \tag{4.21}$$

Auf die gleiche Weise wie wir beim Rechnen mit den Strömen durch Einteilung in abhängige und unabhängige die Kirchhoffschen Knotenpunktsgleichungen berücksichtigt haben, so daß sie im weiteren Rechengang nicht mehr benötigt wurden, so berücksichtigen wir durch die Einteilung der Spannungen in abhängige und unabhängige die Kirchhoffschen Maschengleichungen. Natürlich ist es uns freigestellt, ob wir mit den Spannungen oder den Strömen weiterrechnen wollen. In beiden Fällen haben wir folgendermaßen vorzugehen:

1. Es ist ein vollständiger Baum aufzustellen. Die unabhängigen Ströme und Spannungen sind damit festgelegt: Die unabhängigen Ströme fließen in den Verbindungszweigen, die unabhängigen Spannungen sind die Spannungen in den Baumzweigen. Der vollständige Baum hat in jedem Fall $k-1$ Baumzweige; die Anzahl der Baumzweige ist also unabhängig von der speziellen Wahl des Baumes. Daraus folgt, daß die Anzahl der unabhängigen Ströme nicht von der Auswahl der Baumzweige abhängt, diese bestimmt gegebenenfalls nur, welche Ströme als unabhängig angesehen werden. Man wird daher versuchen, den Baum so zu wählen, daß die interessierenden Ströme zu unabhängigen werden, also in Verbindungszweigen fließen.

2. Für die unabhängigen Größen sind die Kirchhoffschen Gleichungen aufzustellen.

   Wird mit den unabhängigen Strömen gerechnet, so sind die Maschengleichungen, und in jedem Zweig das Ohmsche Gesetz zu benutzen. Wird mit den unabhängigen Spannungen gerechnet, so sind die Knotengleichungen und ebenfalls in jedem Zweig das Ohmsche Gesetz zu benutzen. Das Ergebnis ist ein lineares Gleichungssystem für die unabhängigen Ströme bzw. Spannungen.

3. Das lineare Gleichungssystem ist aufzulösen. Es ergeben sich die gesuchten unabhängigen Ströme bzw. Spannungen.

   Die noch fehlenden Größen können aus diesen einfach ermittelt werden.

## *4.4 Die Berechnung der unabhängigen Ströme aus den Maschengleichungen (Maschenanalyse)*

Wir wollen nun die Berechnung der Ströme im einzelnen durchführen. Dazu brauchen wir nur die unabhängigen Ströme zu betrachten, die übrigen lassen sich aus diesen eindeutig berechnen. Den Zusammenhang zwischen unabhängigen und abhängigen Strömen liefern die Knotengleichungen. Außerdem stehen uns zur Berechnung der Ströme noch zur Verfügung

a) die Gleichungen, die den allgemeinen Zusammenhang von Spannung und Strom in jedem Zweig angeben,

$$u_\nu = u_{0\nu} + R_\nu i_\nu,$$

b) die Maschengleichungen

$$\sum_\nu u_\nu = 0.$$

Wir wissen, daß die unabhängigen Ströme in den Verbindungszweigen fließen und die abhängigen in den Baumzweigen. Die Art und Anzahl der Maschen muß nun so ausgewählt werden, daß wir ein System von unabhängigen Gleichungen erhalten. Zu diesem Zweck gehen wir in der gleichen Weise vor, wie wir sie bei dem Beweis benutzt haben, daß die Maschengleichungen gerade $z-(k-1)$ unabhängige Gleichungen liefern. Die Maschen werden so gelegt, daß jeder Verbindungszweig des vollständigen Baumes nur in einer Masche enthalten ist. Anders ausgedrückt: Die Maschen müssen also so gebildet werden, daß jeweils ein Verbindungszweig über Baumzweige zu einer Masche geschlossen wird. Dann entstehen gerade soviel Maschengleichungen wie unbekannte Ströme vorhanden sind. Diese Art der Maschenwahl ist aber immer möglich, denn der vollständige Baum, den wir in unserem Netz gewählt

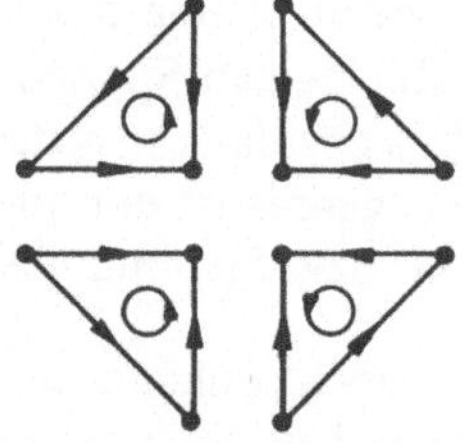

Abb. 4.12 Unabhängige Maschen in einem Graphen mit vollständigem Baum aus Abb. 4.10

haben, hat gerade die Eigenschaft, daß er alle Knoten miteinander verbindet, jedoch keine geschlossenen Maschen enthält.

Für unser Beispiel mit 5 Knoten und 8 Zweigen aus Abb. 4.8 ergeben sich für den angenommenen sternförmigen Baum die Maschen, wie sie in Abb. 4.12 gezeigt sind.

Es ergeben sich gerade 4 Gleichungen für die 4 unabhängigen Ströme $i_1, i_2, i_3, i_4$. Wir wählen für jede Masche als Umlaufsrichtung die Zählrichtung des zugehörenden Verbindungszweiges und erhalten für die Zweigspannungen die Gleichungen

$$\begin{aligned} u_1 \quad\quad - u_5 + u_6 \quad &= 0 \\ u_2 \quad\quad - u_6 + u_7 \quad &= 0 \\ u_3 \quad\quad - u_7 + u_8 &= 0 \\ u_4 + u_5 \quad\quad - u_8 &= 0. \end{aligned} \tag{4.22}$$

Zu diesen vier Gleichungen kommen die 8 Gleichungen des Ohmschen Gesetzes

und die vier Gleichungen (4.20), die $i_5, \dots, i_8$ durch $i_1, \dots, i_4$ ausdrücken.

Dadurch lassen sich auf einfache Weise die Ströme $i_5, \dots, i_8$ aus den Ohmschen Gleichungen für die Baumzweige eliminieren. Wir erhalten also:

$$\begin{aligned} u_5 &= u_{05} + R_5\,(i_4 - i_1) \\ u_6 &= u_{06} + R_6\,(i_1 - i_2) \\ u_7 &= u_{07} + R_7\,(i_2 - i_3) \\ u_8 &= u_{08} + R_8\,(i_3 - i_4). \end{aligned} \tag{4.24}$$

Mit diesen Beziehungen entsteht aus (4.22) folgendes System von 4 Gleichungen:

$$\begin{aligned} u_{01} + R_1\, i_1 - [u_{05} + R_5(i_4 - i_1)] + u_{06} + R_6(i_1 - i_2) &= 0 \\ u_{02} + R_2\, i_2 - [u_{06} + R_6(i_1 - i_2)] + u_{07} + R_7(i_2 - i_3) &= 0 \\ u_{03} + R_3\, i_3 - [u_{07} + R_7(i_2 - i_3)] + u_{08} + R_8(i_3 - i_4) &= 0 \\ u_{04} + R_4\, i_4 - [u_{08} + R_8(i_3 - i_4)] + u_{05} + R_5(i_4 - i_1) &= 0. \end{aligned} \tag{4.25}$$

Diese Gleichungen ordnen wir noch nach den Unbekannten $i_1, \dots, i_4$ und schreiben die bekannten Größen, die Generatorspannungen

$u_{01}, \ldots, u_{08}$, auf die rechte Seite unseres Gleichungssystems. Der hier angenommene Fall, daß in allen Zweigen Generatoren vorhanden sind, ist natürlich äußerst selten. Gewöhnlich ist nur ein Generator vorhanden, wodurch sich die rechten Seiten der Gleichungen wesentlich vereinfachen.

In unserem Beispiel erhalten wir

$$\begin{array}{lllll}
(R_1+R_5+R_6)i_1 & -R_6 i_2 & & -R_5 i_4 & = -u_{01}+u_{05}-u_{06} \\
-R_6 i_1 & +(R_2+R_6+R_7)i_2 & -R_7 i_3 & & = -u_{02}+u_{06}-u_{07} \\
 & -R_7 i_2 & +(R_3+R_7+R_8)i_3 & -R_8 i_4 & = -u_{03}+u_{07}-u_{08} \\
-R_5 i_1 & & -R_8 i_3 & +(R_4+R_8+R_5)i_4 & = -u_{04}+u_{08}-u_{05}
\end{array} \tag{4.26}$$

Ein lineares Gleichungssystem wird charakterisiert durch das Schema seiner Koeffizienten. Dieses Schema wird auch als die Matrix des Gleichungssystems bezeichnet. Wir schreiben das Schema der Koeffizienten nochmals heraus, um den Aufbau des Gleichungssystems genauer zu studieren.

$$\begin{pmatrix}
(R_1+R_5+R_6) & -R_6 & 0 & -R_5 \\
-R_6 & (R_2+R_6+R_7) & -R_7 & 0 \\
0 & -R_7 & (R_3+R_7+R_8) & -R_8 \\
-R_5 & 0 & -R_8 & (R_4+R_5+R_8)
\end{pmatrix} \tag{4.27}$$

Dabei bleiben die Stellen der Koeffizienten des Gleichungssystems erhalten, nur die Unbekannten $i_1, \ldots, i_4$ und die rechten Seiten erscheinen bei dieser Darstellung nicht.

Wir erkennen die einfache Gesetzmäßigkeit beim Aufbau dieser Matrix, die es uns ermöglicht, die Koeffizienten in Zukunft unmittelbar anzuschreiben:

a) Die Elemente des Schemas, die in der von links oben nach rechts unten verlaufenden Diagonalen – der Hauptdiagonalen der Matrix – stehen, enthalten jeweils die Summe sämtlicher Widerstände, die der betreffenden Masche angehören.

b) Die übrigen Elemente des Schemas werden jeweils von den Widerständen gebildet, die den verschiedenen Umläufen gemeinsam sind. In unserem Beispiel ist der Widerstand $R_6$ den Umläufen 1 und 2, der Widerstand $R_5$ den Umläufen 1 und 4 gemeinsam. Diese Widerstände erhalten positives Vorzeichen, wenn in dem gemeinsamen

Zweig beide Umläufe die gleiche Orientierung haben, negatives Vorzeichen, wenn beide Umläufe in dem gemeinsamen Zweig verschieden orientiert sind. Da diese Widerstände in den gemeinsamen Zweigen jeweils bei beiden Umläufen auftreten, also z. B. die Verkopplung des Umlaufs 2 mit dem Umlauf 3 die gleiche ist wie die des Umlaufs 3 mit dem Umlauf 2, wird das Koeffizienten-Schema symmetrisch zu der Hauptdiagonalen.

Man kann zeigen, daß diese Regeln allgemein gelten.

Haben wir also für ein gegebenes Netz einen Baum ausgewählt, die Zählrichtung in allen Zweigen (willkürlich) festgelegt und damit die Umlaufrichtung für die unabhängigen Maschen, dann können wir das Schema der Koeffizienten für das Gleichungssystem, aus dem wir die unabhängigen Ströme in den Verbindungszweigen bestimmen können, sofort anschreiben.

Bei der – an sich beliebigen – Numerierung der Zweige wollen wir mit Rücksicht auf spätere Betrachtungen so verfahren, daß wir mit den Verbindungszweigen beginnen und danach die Baumzweige folgen lassen.

Der Aufbau der rechten Seiten des Gleichungssystems, wo die in den einzelnen Zweigen vorgegebenen Generatorspannungen stehen, läßt sich nun ebenso leicht verfolgen.

Wir finden für unser Beispiel folgende Gesetzmäßigkeit und überzeugen uns davon, daß sie allgemein gilt: Auf der rechten Seite jeder Gleichung stehen alle Spannungen der in dem betreffenden Umlauf enthaltenen Generatoren. Diese werden mit negativem Vorzeichen versehen, wenn Umlaufrichtung und Zählpfeil der betreffenden Generatorspannung übereinstimmen, sie erhalten ein positives Vorzeichen, wenn die Umlaufrichtung nicht mit dem Zählpfeil übereinstimmt.

An dieser Regel erkennen wir, daß die Generatorspannungen in den Verbindungszweigen jeweils nur einmal vorkommen, die in den Baumzweigen jedoch mehrmals. Es empfiehlt sich also, nach Möglichkeit den Baum so zu legen, daß er keine Generatoren enthält. Besonders einfach werden die Verhältnisse, wenn nur ein einziger Generator vorhanden ist, der sich in einem Verbindungszweig befindet. Dann haben die rechten Seiten aller Gleichungen den Wert Null mit Ausnahme von einer, bei der diese Spannung mit negativem Vorzeichen erscheint, weil die Umlaufrichtung vereinbarungsgemäß mit der Orientierung des in diesem Umlauf befindlichen Verbindungszweiges übereinstimmt.

Damit haben wir alle Vorschriften zur Aufstellung des Gleichungssystems beisammen, aus dem in einem beliebig vorgegebenen Netz die unabhängigen Ströme berechnet werden können. Dieses Gleichungssystem muß nun noch nach den Unbekannten, nämlich den unabhängigen

Strömen, aufgelöst werden. Das ist aber eine rein mathematische Aufgabe, die wir nicht hier, sondern erst bei einem konkreten Anwendungsbeispiel behandeln wollen.

Auf jeden Fall ist es möglich, das Gleichungssystem aufzulösen; denn wir haben bei seiner Aufstellung darauf geachtet, ein System voneinander unabhängiger Gleichungen zu erhalten.

## *4.5 Berechnung eines Beispiels*

Die Brückenschaltung

Wir nehmen die Schaltung einer Brücke aus vier Widerständen an, die nach Abb. 4.13a von einer Spannungsquelle in einer Diagonalen gespeist wird, und fragen nach der Größe des Stromes, der in der anderen Diagonalen fließt. Wir zeichnen den zugehörigen Graphen, der nur die Zweige und Knoten darstellt, und wählen einen vollständigen Baum

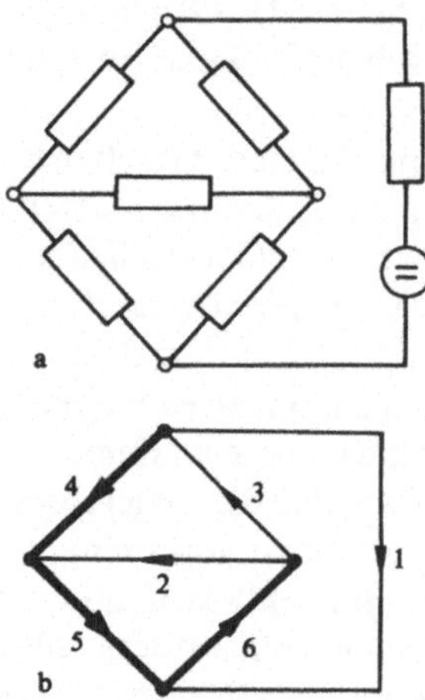


Abb. 4.13 Netzwerk (a) mit Graphen und vollständigem Baum (b) zur Maschenanalyse

(Abb. 4.13) so, daß der Diagonalzweig, in dem wir den Strom berechnen wollen, sowie der Zweig, in dem sich der Generator befindet, Verbindungszweige werden. Allen Zweigen ordnen wir willkürlich eine Zählrichtung für Strom und Spannung zu und numerieren wie vereinbart die 6 Zweige, indem wir mit den Verbindungszweigen beginnen und dann die Baumzweige folgen lassen.

Zur Aufstellung des Gleichungssystems für die drei unabhängigen Ströme $i_1$, $i_2$, $i_3$ müssen wir drei Umläufe machen, die in Abb. 4.14 angedeutet sind. Die Umlaufrichtung ist durch die Zählrichtung des jeweils darin enthaltenen Verbindungszweiges festgelegt, d.h. bei 1 in mathematisch negativem, bei 2 und 3 in mathematisch positivem Sinn.

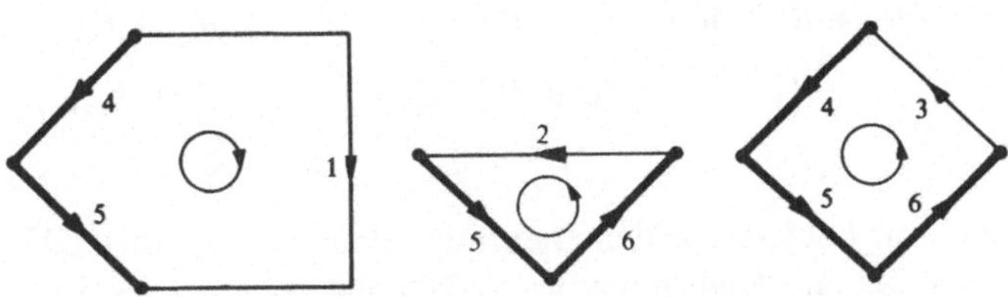


Abb. 4.14 Unabhängige Maschen im Graphen aus Abb. 4.13

Jetzt beachten wir nur noch, welche Zweige jeweils durchlaufen werden und wie bei den einzelnen Umläufen in den gemeinsam benutzten Baumzweigen die Richtungen zueinander orientiert sind. Die Koeffizienten des Gleichungssystems für die Ströme $i_1$, $i_2$, $i_3$ können danach sofort angegeben werden. Wir erhalten das folgende Schema:

$$\begin{pmatrix} (R_1+R_4+R_5) & -R_5 & -(R_4+R_5) \\ -R_5 & (R_2+R_5+R_6) & (R_5+R_6) \\ -(R_4+R_5) & (R_5+R_6) & (R_3+R_4+R_5+R_6) \end{pmatrix} .$$

Die rechten Seiten des Gleichungssystems sind sehr einfach anzugeben. Allein der Zweig 1 enthält einen Generator mit der Spannung $u_{01}$. Diese Spannung erscheint nur in der ersten Gleichung mit negativem Vorzeichen, da nach unserer Vorschrift Zweig 1 in Zählrichtung durchlaufen wird.

Das Gleichungssystem für die Ströme $i_1$, $i_2$, $i_3$ erhält danach folgende Form:

$$\begin{aligned} (R_1+R_4+R_5)i_1 \quad & -R_5 i_2 & -(R_4+R_5)i_3 &= -u_{01} \\ -R_5 i_1 + (R_2+R_5+R_6)i_2 & & +(R_5+R_6)i_3 &= 0 \\ -(R_4+R_5)i_1 \quad & +(R_5+R_6)i_2 + (R_3+R_4+R_5+R_6)i_3 & &= 0 . \end{aligned}$$

Die Auflösung dieses Gleichungssystems nach den Unbekannten $i_1, \dots, i_3$ läßt sich am bequemsten mit Hilfe von Determinanten anschreiben.

Für die uns interessierende Größe $i_2$ erhält man

$$i_2 = \frac{\begin{vmatrix} (R_1+R_4+R_5) & -u_{01} & -(R_4+R_5) \\ -R_5 & 0 & (R_5+R_6) \\ -(R_4+R_5) & 0 & (R_3+R_4+R_5+R_6) \end{vmatrix}}{\begin{vmatrix} (R_1+R_4+R_5) & -R_5 & -(R_4+R_5) \\ -R_5 & (R_2+R_5+R_6) & (R_5+R_6) \\ -(R_4+R_5) & (R_5+R_6) & (R_3+R_4+R_5+R_6) \end{vmatrix}}.$$

Jetzt sind nur noch die beiden Determinanten auszurechnen. Die meiste Mühe bereitet die Determinante im Nenner, weil bei ihr keine Nullelemente vorkommen. Mit ihrer Auswertung halten wir uns nicht auf, wir geben gleich das Ergebnis an, das wir mit der Abkürzung $\Sigma$ bezeichnen:

$$\begin{aligned} \Sigma = {} & R_1 R_2 (R_3+R_4+R_5+R_6) + \\ & + R_1 (R_3+R_4)(R_5+R_6) + R_2 (R_3+R_6)(R_4+R_5) + \\ & + R_3 R_4 (R_5+R_6) + R_5 R_6 (R_3+R_4). \end{aligned}$$

Die Zählerdeterminante ergibt sich wesentlich einfacher. Wir entwickeln sie nach der zweiten Spalte,

$$u_{01} \cdot \begin{vmatrix} -R_5 & (R_5+R_6) \\ -(R_4+R_5) & (R_3+R_4+R_5+R_6) \end{vmatrix} = -u_{01} \cdot \begin{vmatrix} R_5 & R_6 \\ (R_4+R_5) & (R_3+R_6) \end{vmatrix} =$$

$$= -u_{01} \cdot \begin{vmatrix} R_5 & R_6 \\ R_4 & R_3 \end{vmatrix} = u_{01}(R_4 R_6 - R_3 R_5),$$

und erhalten schließlich

$$i_2 = u_{01} \frac{R_4 R_6 - R_3 R_5}{\Sigma}.$$

Der Strom im Diagonalzweig verschwindet, wenn

$$R_4 R_6 = R_3 R_5$$

ist, die Brücke also abgeglichen ist.

Entsprechend könnten wir die Ströme $i_1$ und $i_3$ berechnen. Aus den unabhängigen Strömen $i_1, \ldots, i_3$ lassen sich die abhängigen $i_4, \ldots, i_6$ nach den Knotengleichungen bestimmen. Man findet

$$\begin{aligned} i_4 &= -i_1 \phantom{+ i_2} + i_3 \\ i_5 &= -i_1 + i_2 + i_3 \\ i_6 &= \phantom{-i_1 +} i_2 + i_3 . \end{aligned}$$

Wollen wir die Spannung im Zweig 2 berechnen, so wenden wir das Ohmsche Gesetz an:

$$u_2 = R_2 i_2 = u_{01} \frac{R_2(R_4 R_6 - R_3 R_5)}{\Sigma} .$$

Die Berechnung der Leerlaufspannung im Diagonalzweig bereitet eine kleine Schwierigkeit. Wir bilden den Grenzwert für $u_2$, wenn $R_2 \to \infty$ geht. Dann können wir im Nenner in $\Sigma$ alle Summanden, die $R_2$ nicht enthalten, neben denen mit $R_2$ vernachlässigen. Aus den verbleibenden Ausdrücken im Zähler und Nenner kürzt sich $R_2$ heraus, und es bleibt:

$$u_{21} = u_{01} \frac{R_4 R_6 - R_3 R_5}{R_1(R_3 + R_4 + R_5 + R_6) + (R_3 + R_6)(R_4 + R_5)} .$$

## *4.6 Die Berechnung der unabhängigen Spannungen aus den Knotengleichungen (Knotenanalyse)*

Nun wollen wir annehmen, daß wir die Spannungen in bestimmten Zweigen des Netzes zu berechnen haben. In diesem Fall haben wir das nur für die unabhängigen Spannungen zu tun, die übrigen lassen sich aus diesen mit Hilfe der Kirchhoffschen Maschengleichungen ausdrücken. Für die Bestimmung der unabhängigen Spannungen stehen uns dann noch zur Verfügung:

a) die Gleichungen des Ohmschen Gesetzes, die den allgemeinen Zusammenhang von Spannung und Strom in jedem Zweig in der Leitwertform angeben und die erhalten werden, wenn für jeden Zweig des Netzes die Ersatz-Stromquelle eingesetzt wird:

$$i_\nu = i_{0\nu} + G_\nu u_\nu ,$$

b) die Knotengleichungen

$$\sum_\nu i_\nu = 0.$$

Die Knotengleichungen müssen für alle Knoten ausgewertet werden außer einem, der beliebig ausgewählt werden kann. Denn ,wir hatten in 4.3 festgestellt, daß die letzte Knotengleichung in allen übrigen enthalten ist.

Dieser eine Knoten nimmt natürlich eine gewisse Sonderstellung ein. Deshalb wird hierfür zweckmäßig ein im Netz ausgezeichneter Knoten genommen, z. B. ein mit der Erde verbundener. Wir benutzen wieder das Netz aus Abb. 4.6 und nehmen als vollständigen Baum wie vorher den Stern mit den Zweigen 5...8, wie in Abb. 4.15.

Die Spannungen $u_5, \ldots, u_8$ sind dann die unabhängigen; die abhängigen Spannungen erhalten wir aus diesen mit den Maschengleichungen:

$$\begin{aligned} u_1 &= u_5 - u_6 \\ u_2 &= u_6 - u_7 \\ u_3 &= u_7 - u_8 \\ u_4 &= -u_5 + u_8 . \end{aligned} \tag{4.27}$$

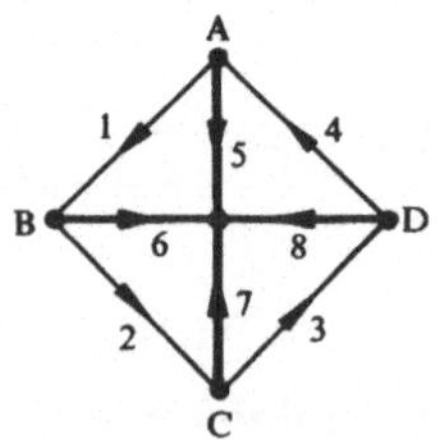


Abb. 4.15 Graph mit vollständigem Baum

Als ausgezeichneten Knoten wählen wir den Sternpunkt der vier Baumzweige.

Wenn die abfließenden Ströme willkürlich positiv gezählt werden, ergibt sich nach den Knotengleichungen für die vier äußeren Knoten $A \ldots D$:

$$\begin{aligned} i_1 - i_4 + i_5 &= 0 \\ -i_1 + i_2 + i_6 &= 0 \\ -i_2 + i_3 + i_7 &= 0 \\ -i_3 + i_4 + i_8 &= 0. \end{aligned} \tag{4.28}$$

Wir wollen hier in den einzelnen Zweigen Stromgeneratoren annehmen und zunächst ganz allgemein zulassen, daß in jedem Zweig ein Stromgenerator mit dem Strom $i_{0\nu}$ und ein Widerstand mit dem Leitwert $G_\nu$

vorhanden sei. Dann gelten für die 8 Ströme die Gleichungen des Ohmschen Gesetzes:

$$\begin{aligned} i_1 &= i_{01} + G_1 u_1 \\ i_2 &= i_{02} + G_2 u_2 \\ &\;\,\vdots \\ i_8 &= i_{08} + G_8 u_8 \end{aligned} \tag{4.29}$$

Selbstverständlich werden bei praktischen Anwendungsbeispielen gewöhnlich nur in wenigen Zweigen die Generatorströme von Null verschieden sein. Die Gleichungen (4.29) und (4.27) werden in (4.28) eingesetzt, und es ergibt sich ein Gleichungssystem für die unabhängigen Spannungen:

$$\begin{aligned} i_{01}+G_1(u_5-u_6) -[i_{04}+G_4(u_8-u_5)]+i_{05}+G_5u_5 &= 0 \\ -[i_{01}+G_1(u_5-u_6)]+ i_{02}+G_2(u_6-u_7) +i_{06}+G_6u_6 &= 0 \\ -[i_{02}+G_2(u_6-u_7)]+ i_{03}+G_3(u_7-u_8) +i_{07}+G_7u_7 &= 0 \\ -[i_{03}+G_3(u_7-u_8)]+ i_{04}+G_4(u_8-u_5) +i_{08}+G_8u_8 &= 0. \end{aligned} \tag{4.30}$$

Diese Gleichungen werden nach den Unbekannten $u_5, \ldots, u_8$ geordnet, wobei die bekannten Größen $i_{01}, \ldots, i_{08}$ auf die rechte Seite des Gleichungssystems gebracht werden:

$$\begin{aligned} (G_1+G_4+G_5)u_5 - G_1u_6 - G_4u_8 &= -i_{01}+i_{04}-i_{05} \\ -G_1u_5 + (G_1+G_2+G_6)u_6 - G_2u_7 &= -i_{02}+i_{01}-i_{06} \\ -G_2u_6+(G_2+G_3+G_7)u_7 - G_3u_8 &= -i_{03}+i_{02}-i_{07} \\ -G_4u_5 - G_3u_7+(G_3+G_4+G_8)u_8 &= -i_{04}+i_{03}-i_{08}. \end{aligned} \tag{4.31}$$

Damit haben wir ein Gleichungssystem für nur 4 Unbekannte ($u_5, \ldots, u_8$) erhalten. Wir schreiben das Schema der Koeffizienten des Gleichungssystems nochmals heraus:

$$\begin{pmatrix} (G_1+G_4+G_5) & -G_1 & 0 & -G_4 \\ -G_1 & (G_1+G_2+G_6) & -G_2 & 0 \\ 0 & -G_2 & (G_2+G_3+G_7) & -G_3 \\ -G_4 & 0 & -G_3 & (G_3+G_4+G_8) \end{pmatrix}.$$

Durch die besondere Wahl des Baumes, der strahlenförmig den Bezugsknoten mit allen übrigen verbindet, und dadurch, daß wir den Bezugsknoten bei der Anwendung der Knotengleichungen nicht benutzt haben und die Zählpfeile der unabhängigen Spannungen auf den Bezugsknoten zuweisen, ergibt sich ein sehr einfaches Bildungsgesetz für die Koeffizienten des Gleichungssystems.

a) In der Hauptdiagonalen steht die Summe aller Leitwerte der von dem betreffenden Knoten ausgehenden Elemente.

b) Außerhalb der Hauptdiagonalen stehen die Leitwerte der Elemente, die die jeweiligen Knoten miteinander verbinden, und zwar mit negativem Vorzeichen. Hier können auch Nullen stehen, wenn diese Knoten nicht direkt verbunden sind, wie das bei den Knoten $A$ und $C$ des Beispiels der Fall ist.
   Das Koeffizienten-Schema ist symmetrisch, denn das Element zwischen $A$ und $B$ ist natürlich dasselbe wie das zwischen $B$ und $A$.
   Die rechten Seiten können ebenso leicht gefunden werden: Hier stehen die Generatorströme aller Zweige, die in dem betreffenden Knoten zusammentreffen, und zwar mit positivem Vorzeichen, wenn sie zufließend, mit negativem Vorzeichen, wenn sie abfließend positiv gezählt werden.

Für eine Knotenanalyse in dieser Form ist es also gar nicht nötig, einen vollständigen Baum festzulegen. Mit der Wahl des Bezugsknotens ist der Baum bereits bestimmt, und die im Gleichungssystem auftretenden Spannungen, die unabhängigen Spannungen, sind dann die Spannungen aller übrigen Knoten gegenüber diesem Bezugsknoten.

Es muß besonders betont werden, daß das einfache Bildungsgesetz für die Koeffizienten des Gleichungssystems nur bei dem speziellen Baum gilt, der alle übrigen Knoten des Netzes strahlenförmig mit dem Bezugsknoten verbindet. Selbstverständlich wären wir auch mit einem beliebigen Baum des Netzes und einer anderen Wahl des ausgezeichneten, weggelassenen Knotens zum Ziel gekommen, nur hätte dann das Gleichungssystem für die unabhängigen Spannungen eine andere, nicht so leicht merkbare Form erhalten. Der Vorteil, den der hier gewählte Baum bringt, ist aber so groß, daß es praktisch und üblich ist, bei der Knotenanalyse immer einen solchen Baum zugrunde zu legen. Das heißt, daß man bei diesem Rechenverfahren üblicherweise den Baum gar nicht bezeichnet – wenigstens nicht bewußt –: Ein Knoten wird zum Bezugsknoten erklärt, und die Spannungen zwischen diesem und den übrigen Knoten sind die unabhängigen. Diese Wahl des Baumes ist immer möglich, auch wenn die so definierten Baumzweige ursprünglich im Netz gar nicht vorhanden sind. Sie werden dann zugefügt und mit Null-Leitwerten versehen.

Eine allgemeinere Form der Netzwerkanalyse mit den Knotengleichungen, die vollkommen der Maschenanalyse entspricht, wird erhalten, wenn die Bevorzugung eines Knotens als Bezugsknoten aufgegeben und nur mit Knotenpaaren gerechnet wird. Diese sogenannte Schnittmengenanalyse werden wir später in einem anderen Zusammenhang behandeln.

## 4.7 Berechnung eines Beispiels

Das eben hergeleitete Verfahren der Knotenanalyse soll wieder bei der Brückenschaltung angewandt werden, deren Diagonalspannung bestimmt werden soll. Da wir uns für die Spannung im Diagonalzweig 2 interessieren, machen wir zweckmäßig den ganz links liegenden Knoten (Abb. 4.16) zum Bezugsknoten, schreiben also die Knotengleichungen für alle Knoten außer diesen an.

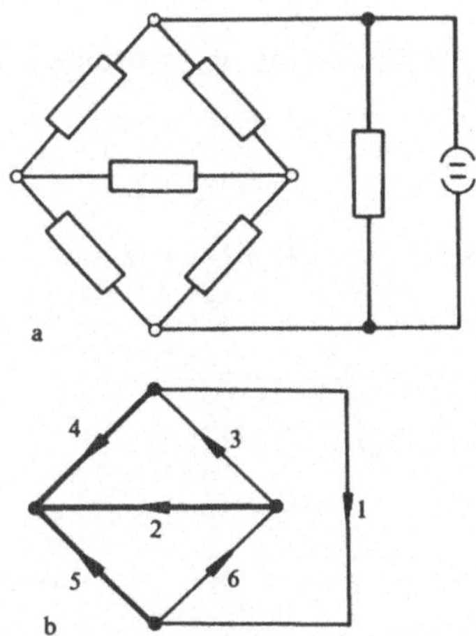


Abb. 4.16 Netzwerk (a) mit Graphen und vollständigem Baum (b) zur Knotenanalyse

In den Zweig 1 ist diesmal zunächst ein Stromgenerator mit Parallelwiderstand eingezeichnet worden, damit wir beim Aufstellen der Gleichungen mit unserem üblichen Schema arbeiten können. Wir werden später diesen Zweipol wieder durch die äquivalente Ersatz-Spannungsquelle ersetzen, um das Ergebnis mit dem des vorher behandelten Beispiels vergleichen zu können.

Die Koeffizienten des Gleichungssystems für die Spannungen $u_2$, $u_4$, $u_5$ und die rechten Seiten erhalten wir nach der für die Knotenanalyse gültigen Vorschrift:

$$
\begin{array}{ccc|c}
u_2 & u_4 & u_5 & \\
\hline
G_2+G_3+G_6 & -G_3 & -G_6 & 0 \\
-G_3 & G_1+G_3+G_4 & -G_1 & -i_{01} \\
-G_6 & -G_1 & G_1+G_5+G_6 & +i_{01}.
\end{array}
$$

Das System der drei Gleichungen lautet ausführlich geschrieben:

$$
\begin{array}{rrrl}
G_2+G_3+G_6)u_2 & -G_3u_4 & -G_6u_5 = & 0 \\
-G_3u_2 & +(G_1+G_3+G_4)u_4 & -G_1u_5 = & -i_{01} \\
-G_6u_2 & -G_1u_4 & +(G_1+G_5+G_6)u_5 = & +i_{01}.
\end{array}
$$

Die uns interessierende Spannung $u_2$ schreiben wir als Quotienten zweier Determinanten

$$
u_2 = \frac{\begin{vmatrix} 0 & -G_3 & -G_6 \\ -i_{01} & (G_1+G_3+G_4) & -G_1 \\ +i_{01} & -G_1 & (G_1+G_5+G_6) \end{vmatrix}}{\begin{vmatrix} (G_2+G_3+G_6) & -G_3 & -G_6 \\ -G_3 & (G_1+G_3+G_4) & -G_1 \\ -G_6 & -G_1 & (G_1+G_5+G_6) \end{vmatrix}}
$$

Wir bezeichnen die Nennerdeterminante mit $\Sigma'$ und erhalten für sie:

$$
\begin{aligned}
\Sigma' = {} & G_1G_2(G_3+G_4+G_5+G_6)+ \\
& +G_1(G_3+G_6)(G_4+G_5)+G_2(G_3+G_4)(G_5+G_6)+ \\
& +G_3G_4(G_5+G_6)+G_5G_6(G_3+G_4).
\end{aligned}
$$

Die Zählerdeterminante ergibt sich, wenn wir zuerst die dritte Zeile zur zweiten addieren und danach die Determinante nach der ersten Spalte entwickeln.

$$\begin{vmatrix} 0 & -G_3 & -G_6 \\ -i_{01} & G_1+G_3+G_4 & -G_1 \\ i_{01} & -G_1 & G_1+G_5+G_6 \end{vmatrix} = \begin{vmatrix} 0 & -G_3 & -G_6 \\ 0 & G_3+G_4 & G_5+G_6 \\ i_{01} & -G_1 & G_1+G_5+G_6 \end{vmatrix} =$$

$$= i_{01} \cdot \begin{vmatrix} -G_3 & -G_6 \\ G_3+G_4 & G_5+G_6 \end{vmatrix} = i_{01} \cdot \begin{vmatrix} -G_3 & -G_6 \\ G_4 & G_5 \end{vmatrix} = i_{01}(G_4 G_6 - G_3 G_5).$$

Für die gesuchte Spannung erhalten wir also

$$u_2 = \frac{i_{01}}{\Sigma'}(G_4 G_6 - G_3 G_5).$$

In dieses Ergebnis brauchen wir nur die Beziehung zwischen Leerlaufspannung und Kurzschlußstrom im Zweig 1 einzusetzen, wobei wir beachten, daß der Zählpfeil der Leerlaufspannung im Abschnitt 4.5 dem hier betrachteten entgegengerichtet ist

$$i_{01} = -u_{01}/R_1 = -u_{01} G_1.$$

Dieses Ergebnis stimmt mit dem früher aus der Maschenanalyse ermittelten überein.

## 4.8 Das Superpositionsprinzip

Bei der Analyse linearer Netze, die von mehreren Strom- oder Spannungsgeneratoren gespeist werden, hatten wir gefunden, daß z. B. in den Formeln zur Berechnung beliebiger Zweigströme und -spannungen diese Generatoren immer in der Form

$$c_1 u_{01} + c_2 u_{02} + \cdots + c_1' i_{01} + c_2' i_{02} + \cdots,$$

also als Linearkombination auftraten.

Das ist kein zufälliges Ergebnis, sondern folgt zwangsläufig aus der Tatsache, daß alle Zusammenhänge zwischen Strömen und Spannungen durch lineare Gleichungen gegeben sind, nämlich Gleichungen von der Form

$$\sum_\nu u_\nu = 0, \qquad \sum_\nu i_\nu = 0, \qquad u_\nu = R_\nu i_\nu + u_{0\nu}.$$

Alle Ströme und Spannungen sind den wirkenden Generatorströmen oder -spannungen proportional. Tritt also in irgendeinem Zweig eine Spannung $u_\nu$ als Wirkung z. B. dreier Generatoren mit den Spannungen $u_{01}, u_{02}, u_{03}$ auf, dann kann der Zusammenhang zwischen diesen Größen nur so aussehen:

$$u_\nu = c_1 u_{01} + c_2 u_{02} + c_3 u_{03}.$$

$c_1, \ldots, c_3$ sind Konstanten, die vom Aufbau und den Elementen des Netzes abhängen.

Die Gleichung für $u_v$ läßt sich in drei Anteile aufspalten, von denen jeder nur von einer der drei Generatorspannungen hervorgerufen wird

$$u_{v1} = c_1 u_{01}, \quad u_{v2} = c_2 u_{02}, \quad u_{v3} = c_3 u_{03},$$

$$u_v = u_{v1} + u_{v2} + u_{v3}.$$

Die Wirkung mehrerer in einem Netz vorhandener Generatoren auf einen Strom oder eine Spannung in einem beliebigen Zweig setzt sich additiv aus den Wirkungen der einzelnen Generatoren zusammen. Wir können die Gesamtwirkung in irgendeinem Zweig als Summe der Einzelwirkungen schreiben oder, wie man sagt, die Einzelwirkungen superponieren.

Die Gültigkeit des Superpositionsprinzips in linearen Netzen ermöglicht es oft, Rechnungen und Überlegungen zu vereinfachen und den Rechengang in leichter überschaubare Teiloperationen zu zerlegen:

Sind in einem Netz mehrere Generatoren vorhanden, dann berechnet man zuerst die Wirkung eines Generators, wobei die Spannungen oder Ströme aller übrigen gleich Null gesetzt werden (das ist bei einer Spannungsquelle gleichbedeutend mit einem eingefügten Kurzschluß, bei einer Stromquelle mit einem eingefügten Leerlauf) und fährt mit allen übrigen Generatoren so fort. Die Gesamtwirkung ist die Summe der errechneten Teilwirkungen.

Bei der folgenden Aufgabe wollen wir das Superpositionsprinzip anwenden:

Ein Netz mit zwei Generatoren und drei Widerständen nach Abb. 4.17 soll analysiert werden. Es ist speziell die Spannung im mittleren Zweig zu bestimmen, d. h. am Widerstand $R_3$.

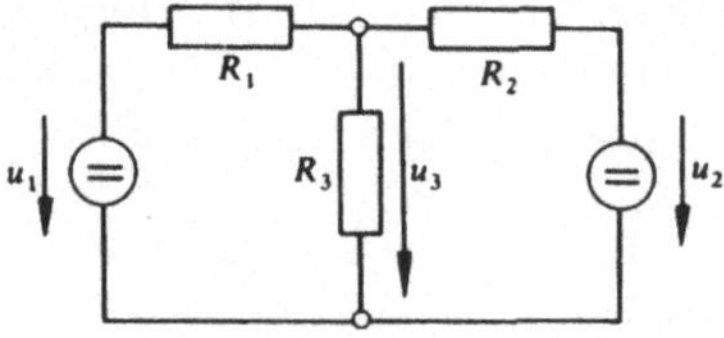


Abb. 4.17 Netzwerk mit zwei Spannungsquellen und drei Widerständen

Zunächst gehen wir rein formal vor und zeichnen einen Baum des Netzes, das aus zwei Knoten und drei Zweigen besteht. Für die Maschengleichungen müssen wir 2 Umläufe bilden; denn das System hat 2 Ver-

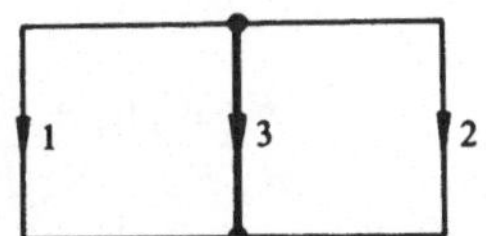


Abb. 4.18 Graph mit vollständigem Baum zum Netzwerk aus Abb. 4.17

bindungszweige. Das Gleichungssystem für die beiden unabhängigen Ströme $i_1$ und $i_2$, deren Zählpfeile in Abb. 4.18 festgelegt sind, hat die Form:

$$\begin{aligned} (R_1 + R_3) i_1 \qquad + R_3\, i_2 &= -u_1 \\ R_3\, i_1 + (R_2 + R_3) i_2 &= -u_2 \,. \end{aligned}$$

Daraus erhalten wir für die beiden Ströme:

$$i_1 = \frac{-u_1(R_2 + R_3) + u_2 R_3}{R_1 R_2 + R_3(R_1 + R_2)}$$

$$i_2 = \frac{-u_2(R_1 + R_3) + u_1 R_3}{R_1 R_2 + R_3(R_1 + R_2)} \,.$$

Der abhängige Strom $i_3$ ergibt sich daraus zu

$$i_3 = -i_1 - i_2 = \frac{u_1 R_2 + u_2 R_1}{R_1 R_2 + R_3(R_1 + R_2)} \,.$$

Die gesuchte Spannung ist dann $u_3 = R_3 i_3$:

$$u_3 = R_3 \frac{u_1 R_2 + u_2 R_1}{R_1 R_2 + R_3(R_1 + R_2)} \,.$$

Jetzt soll dieses Ergebnis dadurch erhalten werden, daß wir das Superpositionsprinzip anwenden. Wir setzen also zuerst $u_2 = 0$ und berechnen den von $u_1$ verursachten Anteil bei $u_3$, setzen dann $u_1 = 0$ und rechnen den von $u_2$ verursachten Anteil bei $u_3$ aus. $u_3$ ergibt sich dann durch Addition dieser beiden Anteile.

Wir finden für $u_2 = 0$

$$u_{31} = u_1 \frac{1}{1 + R_1 \dfrac{R_2 + R_3}{R_2 R_3}} = \frac{R_2 R_3 u_1}{R_1 R_2 + R_3(R_1 + R_2)} \,,$$

für $u_1 = 0$

$$u_{32} = u_2 \frac{1}{1 + R_2 \dfrac{R_1 + R_3}{R_1 R_3}} = \frac{R_1 R_3 u_2}{R_1 R_2 + R_3(R_1 + R_2)}$$

und insgesamt

$$u_3 = u_{31} + u_{32} = \frac{R_2 R_3 u_1 + R_1 R_3 u_2}{R_1 R_2 + R_3(R_1 + R_2)}.$$

Dieser zweite Rechengang ist prinzipiell natürlich kein anderer als der erste rein formale. Die Lösung der einzelnen Analyseaufgaben ist nur bei der Unterteilung nach dem Superpositionsprinzip so einfach geworden, daß wir sie sozusagen ohne Nachdenken und ohne Inanspruchnahme unserer vorher erarbeiteten Hilfsmittel unmittelbar anschreiben können. Deswegen ist es leicht einzusehen, daß ein solches Verfahren auf relativ einfache Fälle beschränkt bleibt.

# SACH- UND NAMENVERZEICHNIS


A

aktiver Zweipol 110f.
Ampere 22, 81, 95f.
Anode 82
Apolloniuskreise 44f.
Äquipotentialfläche 35, 38, 40, 42, 48
Arbeit 16, 19, 21, 23, 51f.

B

Bandleitung 50
Baum, vollständiger 120f.
Baumzweig 120
Bewegung eines Ladungsträgers im elektrischen Feld 76f.
Betrag eines Vektors 16
Bezugsknoten 132
Brechung der Feldlinien 64f.
Brückenschaltung 126, 133

C

Coulomb 15, 81
Coulombsches Gesetz 25

D

Defektelektron 96
Dielektrizitätskonstante 26, 36, 62, 90
– des Vakuums 30
–, relative 62
–, Dimension der 29
Dimension 11
– der Dielektrizitätskonstante 29
– der elektrischen Feldstärke 23
– der elektrischen Flußdichte 29
Diode 96f.
Dipol, elektrischer 30f., 61, 67
Dipolmoment, elektrisches 30, 33
Doppelleitung 43f.
Drehmoment 30
Druck auf eine Grenzfläche 53, 69f.
Durchlaßstrom 98

E

Einheit 10
elektrische Energiedichte 56f.
– Feldenergie 53f.
– Feldstärke 14f., 19, 23
– –, Dimension der 16
– Flußdichte 26f., 60f.
– –, Dimension der 29
– Ladung 14f.
– Spannung 21f., 102
– –, Dimension der 22
–, Stromdichte 80f.
elektrischer Dipol 30f., 61
– Leitwert 86, 91, 108
– Strom 22, 80f., 91, 96, 102
– –, Dimension des 81
– Widerstand 86
elektrisches Dipolmoment 30, 33
– Feld 14f., 19, 77
Elektrodenanordnung, beliebig ebene 47
Elektrolyse 95
Elektron 15
Elektronenröhre 82f.
Elementarladung 15, 37
Energie 16, 19, 21, 23, 51f.
Energiedichte 56f.
Ersatz-Spannungsquelle 111
Ersatz-Stromquelle 113

F

Farad 36
Faraday-Konstante 95
Feld, elektrisches 14f., 19, 77
Feldlinie 24, 35
Feldstärke, elektrische 14f., 19, 23, 64
– –, an Grenzflächen 64f.
Fernwirkungsgesetz 25
Flächenintegral 27
Flußdichte, elektrische 26f., 60f.
– –, an Grenzflächen 64f.
Formelzeichen 9

G

Gasentladungsstrecke 101
Gegenerregung 62
Generator-Zählpfeilsystem 104
Gesetz, Coulombsches 25
–, Ohmsches 86, 109
Gleichrichter 96
Gleichstrom 105f.
Gleichung, unabhängige 115
Graph 114
Grenzfläche 64f.
–, Druck auf eine 67f.
Grenzschicht 97
Größe, physikalische 9, 11
Größengleichung 12
–, zugeschnittene 13
Grundgröße 9, 15f.

H

Halbkugel-Erder 91
Halbleiter 96f.
Hochvakuumdiode 84
Hüllenintegral 27

I

Influenz 75f.
Innenwiderstand 111
Innenleitwert 112
Intensitätsgröße 29
Ionenleitung 93f.

K

Kapazität 34f., 91
–, einer Bandleitung 50
–, einer beliebigen ebenen Elektrodenanordnung 47f.
–, einer Doppelleitung 43f.
–, eines Koaxialkabels 40f.
–, eines Kugelkondensators 38f.
–, eines Plattenkondensators 34f.
Kathode 82
Kennlinie 101
Kirchhoffsche Gleichungen 106, 121
Knoten 104
Knotenanalyse 129f.
Knotengleichung 107, 115, 129
Koaxialkabel, Kapazität eines 40f.
Kontaktspannung 97
Kraft 14, 52f., 67f., 96
Kugelkondensator, Kapazität eines 38f.
Kurzschlußstrom 111

L

Ladung, elektrische 14f.
– –, bewegliche 77f.
Ladungstrennung 75
Leerlaufspannung 111
Leistung 23, 88f.
Leistungsdichte 89f.
Leiter 61, 75
Leitfähigkeit, spezifische 85, 91
Leitwert, elektrischer 86, 91, 108
Linienintegral 18

M

Masche 105
Maschenanalyse 122f.
Maschengleichung 105, 115
Matrix 124

N

Nahwirkungsgesetz 26
Netz 100
Netzanalyse 105, 109f.
Nichtleiter 61

O

Ohm 87
Ohmsches Gesetz 86, 109

P

Parallelschaltung 48, 107
passiver Zweipol 113
Plattenkondensator 34f.
Polarisation 62
Potential 19, 32f., 37
Potentialdifferenz 21
Punktladung 24

Q

Quantitätsgröße 29

**R**

Raumladung 79, 82
Raumladungsdichte 79f., 88
Raumladungsströmung 79, 82f.
raumladungsfreie Strömung 79, 84
Raumladungsgesetz 82f.
Rechtsschraubenregel 31
Reihenschaltung 49, 106
relative Dielektrizitätskonstante 63

**S**

Sättigung 83
Schaltelement 100
Schrittspannung 93
Siemens 87
Skalar 15
Skalarprodukt 17
Spannung, elektrische 21f., 102
--, Dimension der 22
-, unabhängige 120, 129
Spannungsquelle 110
Sperrschichtgleichrichter 99
Sperrstrom 98
Steuergitter 99
Streufeld 34
Strom, elektrischer 22, 80f., 91, 96, 102
--, Dimension des 81
-, unabhängiger 118, 122
Stromdichte, elektrische 80f.
Stromquelle 112
Strömung, raumladungsfreie 79, 84f.
Strömungsfeld 90f.
Superposition 25
Superpositionsprinzip 135f.
Suszeptibilität, elektrische 62

**T**

Transistor 99
Triode 99

**U**

unabhängige Spannung 120, 128
unabhängiger Strom 118, 122
Umlaufintegral 19

**V**

Vakuum, Dielektrizitätskonstante des 30
Vektor 14f.
Vektorprodukt 31
Verbindungszweig 120
Verbraucher-Zählpfeilsystem 104, 114
Verlustleistung 89
Verschiebung, virtuelle 68
Vierersystem 21
Volt 21

**W**

Watt 23, 89
Widerstand, elektrischer 85, 91, 101, 107
wirbelfreies Feld 20

**Z**

Zahlenwertgleichung 12
Zählpfeil 102f.
Zählpfeilsystem 104, 115
Zweig 104
Zweipol 100, 103f., 110f.
-, aktiver 110f.
-, passiver 113

# Studienliteratur

Georg Bosse
**Grundlagen der Elektrotechnik I**
Das Elektrostatische Feld
und der Gleichstrom
3. Aufl. 1996.
141 S. 19 x 12,5 cm. Br.
DM 34,80/öS 258,00/sFr 33,00
ISBN 3-18-401573-4

Georg Bosse/
Gunther Wiesemann
**Grundlagen der Elektrotechnik II**
Das magnetische Feld und die
elektromagnetische Induktion
4., überarb. Aufl. 1996.
154 S. DIN A5. Br.
DM 39,80/öS 295,00/sFr 38,00
ISBN 3-18-401547-5

**Grundlagen der Elektrotechnik III**
Wechselstromlehre, Vierpol-
und Leitungstheorie
3. Aufl. 1996.
135 S. 19 x 12,5 cm. Br.
DM 34,80/öS 258,00/sFr 33,00
ISBN 3-18-401574-2

Gunther Wiesemann/
Wolfgang Mecklenbräuker
**Übungen in Grundlagen
der Elektrotechnik I**
Aufgaben mit ausführlichen Lösungen
(HTB 778) 2., überarb. Aufl. 1993.
179 S. 19 x 12,5 cm. Br.
DM 18,80/öS 147,00/sFr 18,80
ISBN 3-18-401457-6
Übungs- und Prüfungsaufgaben zu den Themen: Kräfte zwischen Ladungen, Kondensatoren mit einfachem und geschichtetem Dielektrikum, elektrisches Feld an Grenzflächen, Elektronenbewegungen im elektrischen Feld u.v.m.

Gunther Wiesemann
**Übungen in Grundlagen
der Elektrotechnik II**
Aufgaben mit ausführlichen Lösungen
(HTB 779) 2., überarb. Aufl. 1993.
202 S. 19 x 12,5 cm. Br.
DM 18,80/öS 147,00/sFr 18,80
ISBN 3-18-401458-4
Übungs- und Prüfungsaufgaben zu den Themen: Kräfte zwischen Leitern, Elektronenebewegung im Magnetfeld, Anwendung des Induktionsgesetzes auf homogene und inhomogene Felder, Induktionswirkungen auf Netze, Energie im Magnetfeld u.v.m.

Arnold Glaab/
Joachim Hagenauer
**Übungen in Grundlagen
der Elektrotechnik III, IV**
Aufgaben mit ausführlichen Lösungen
(HTB 780) 2., überarb. Aufl. 1994.
208 S. 19 x 12,5 cm. Br.
DM 22,80/öS 178,00/sFr 22,80
ISBN 3-18-401450-9
Der vorliegende Übungsband ist als Ergänzung zu den Hochschultaschenbüchern 184 und 185 „Grundlagen der Elektrotechnik III und IV" gedacht.

Postfach 10 10 54
40001 Düsseldorf
Telefon 02 11/61 88-0
Fax 02 11/61 88-133